做好動線收納規劃
生活可以這樣優雅

FORT

水越美枝子

ABLE

HOME

前言——生活方便的住家最美麗

我從幾年前起開設了「住宅講座」，可實際到府參觀我設計的住家。開放屋主家，讓大家自由參觀，聊聊當初的設計想法。屋主也會提到委託設計時的理想住家形式，及實際入住後的感想、住宅方案等等。

參加講座的總人數至今已超過 1200 人。講座簡介一推出，申請人數立刻額滿，相當受歡迎。還有遠從九州過來，想做建屋參考的夫妻倆。也有參加者是為了「想辦法改善設計不良的家」而來。實際感受到不管有沒有蓋屋計畫，關心住宅的人相當多。我認為實地到府參觀，了解該棟住宅的設計思維，對重新檢視自己的住家非常有幫助。

希望把講座的內容傳達給更多人知道，讓我動筆寫下本書。

蓋屋沒有正確答案。想蓋出什麼樣的住宅，每個人應該都有各自的夢想。不過，若是想蓋間「生活方便的住家」，我認為有符合該條件的標準答案。如果知道基本的住家理論，要運用於自宅上，絕非難事。

大約在 10 年前，基於某位建築客戶的要求，我臨時到以前設計過的屋主家拜訪。對於我「因為剛好來到附近，我就在房屋外圍參觀一下，可以嗎」的請求，男主人爽快地回答說「雖然我太太很不巧地出門了，但還是請進來家裡坐吧」。心裡想著「真抱歉，這麼突然可能會來不及打掃整理」一邊入內拜訪，但對方家中收拾得井然有序，生活用品和裝飾品擺放得頗具品味，直到現在還記得那令人驚豔的精緻居家景象。男主人說「幸虧有妳，讓整理家務變得很輕鬆，我太太非常高興，就算臨時有人來也沒關係」。

我深刻地體認到只要設計得當，任何人都能維持住家美麗。此時自心中浮現的念頭「要怎麼做才能確實地設計出那樣的住家」，成為我的住宅設計主要課題。並從身為主婦、也是妻子和母親的居住者觀點，謹慎考慮住家環境。最後得到「生活方便的住家最美麗」如此簡單的答案。因為生活方便的家，不需要花費心力來維持美觀。

在本書中，為了實現這樣的住家，我試著寫出對於住家的基本「看法」。

生活舒適的住家，能提供悠閒的時間和迎接明天的活力，讓人生充實且豐富。不妥協於既有的居住環境，自己也和住家對話，請來感受為自己或家人思考住家環境時的樂趣。然後，請打造出即便時光流逝依然美麗，更具自我風格的住宅。

對我而言最開心的事莫過於本書對您有所助益。

水越美枝子

CONTENTS

第3章 利用「動線」讓生活舒適

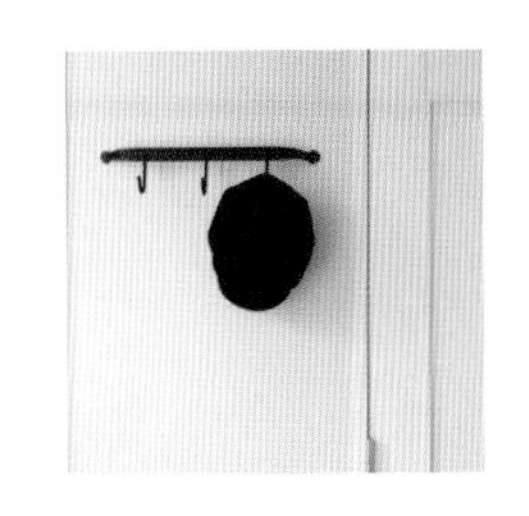

第4章 享受自我風格的裝潢

採訪、撰文、整理／臼井美伸（Penguin 企劃室）
攝影／永野佳世、馬渡孝則（P.49-3，116，123 右上，135-4）
設計・DTP／池田和子（VERSO）
編輯／別府美絹（X-Knowledge）
格局圖／長岡伸行

第5章 讓屋子煥然一新的視覺魔法

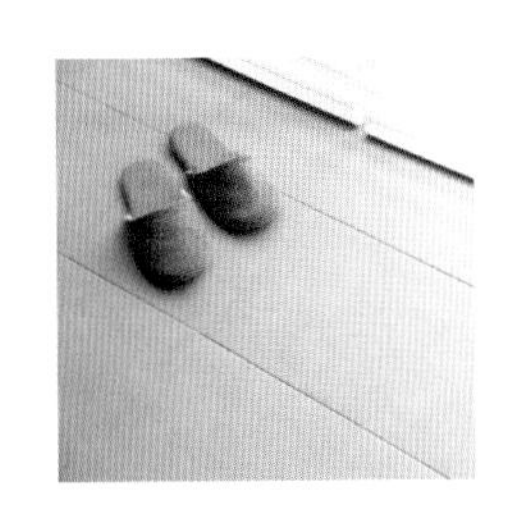

THEORY FOR BEAUTIFUL LIVING

第1章

打造美麗住家的四個觀念

明明是自己的家為什麼住起來不舒服，
為什麼家裡會一團亂，有仔細想過這些問題嗎？
在學習相關技巧前，先來了解打造美麗住家的基本觀念吧。

RIES

Theory 1

「住家」有豐富人生的力量

自開設 Sala 工作室以來，至今蓋了不少間住宅。所有建案的目標都是打造「以人為主的住宅」。從和屋主一起思考「希望生活在什麼環境下」來展開。

而且目前已是主角的屋主們，感受到居家生活的幸福，看到比以前更有活力的生活樣貌，深刻地體認到「住宅」不僅可以改變生活，更有豐富人生的力量。

大多人到了 40 歲左右，就會開始煩惱住家問題。隨著孩子長大，家裡的物品也跟著增加。每天都要做家事。對裝潢的喜好也變了。還有人開始考慮要和父母同住吧。

「每天光是想到要整理打掃，壓力就來了」「叫媳婦來這樣的家裡真丟臉」。耳邊也傳來這樣的聲音。

住家變得生活不便，容易凌亂的主因是家中動線複雜。擬定修改動線的計畫，在依設計重建或翻修的屋主當中，有不少人說曾經注意過以前的房屋格局（動線）有問題。

一旦解決了居住不良的問題，讓整體變得舒適，生活上就會產生極大的變化。「以前是藉著旅行來放鬆心情，但現在則是待在家裡最快樂」「在家裡招待客人的機會變多了」。有些屋主就像這樣，看起來活力十足，令人覺得比以前更加年輕有朝氣。

可能有不少人認為「現在忙著育兒和工作，沒空管住宅的事」。但是，我經常聽到建案屋主說「居然能變成這麼舒適的房子，當初要是早一點想到就好了」。

我認為正因為每天生活忙碌，才希望能保有一間效率高且居住舒適的住宅。而且，正因為我們的生活就算出門也不一定開心，才會想擁有「這裡就是我的地盤」這樣令人放心、「明天也要加油」能帶來活力的住宅。

為了豐富漫長的人生並過著具自我風格的生活，請務必開始「建造以自己為主的家」。

打造兼具功能性和精神性，居住舒適的家

各位認為「居住舒適的家」是什麼樣的住宅呢？

「住起來得心應手，生活方便」、「家中總是井然有序，讓人覺得舒服」、「居家氣氛令人放鬆」等，很多人都會這麼回答吧。

「得心應手」、「井然有序」指的是功能性。「居家氣氛令人放鬆」則是精神性。總而言之，居住舒適的家就是「兼具功能性和精神性的家」。

單是功能性強的住家，就算生活方便住起來也不舒適。所以，為了打造讓自己輕鬆自在的裝潢，必須有巧妙連結簡單動線和收納系統的「基礎平台」。如果沒有這個基礎平台，不管是多棒的裝潢，都無法順利進行。

也就是說，要擁有令人滿意的住家，功能性和精神性這兩項要素缺一不可。然而，準備蓋房時，經常會面臨「功能性」和「精神性」兩者擇一的情況。

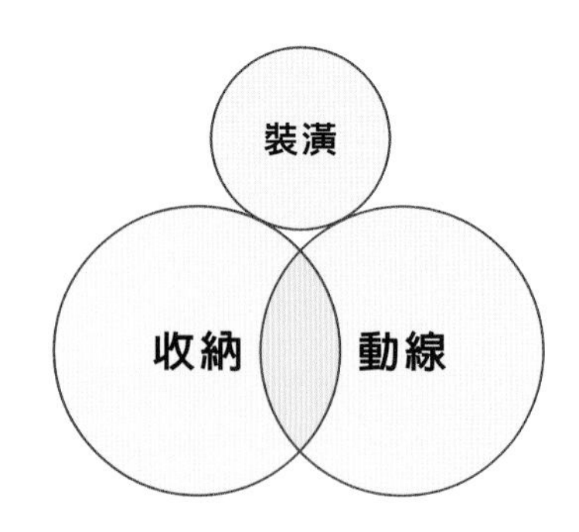

「就算動線稍微不順，這裡還是以外觀為優先吧」、「因為想要有很多收納空間，就算室內變窄也沒辦法」……如此一來，就成為「居住不適的家」、「無法見客，雜亂的家」。

為什麼無法擁有住起來舒適又美觀的家呢？

我認為原因之一是，住宅考量方案沒有趕上這幾十年來急速增加的日西合璧生活。

例如，個人空間和家庭公共空間、客人使用空間重疊，造成生活不便。沒有適量充足的收納空間。甚至隔間（規劃）不良，也就是家中動線複雜，造成勉強生活的情況比比皆是。

為了打造紓壓宜人的住家，試著想出符合自己「動線、收納和裝潢彼此間的優良關係」吧。

Theory 3

美麗住家的關鍵是「動線和收納」的整合

承接設計案時，要了解屋主的生活方式，為了讓雙方對住宅持有相同的意見，須花時間傾聽。而最常出現的「住家煩惱」就是收納問題。

每個人都說「再怎麼收拾，還是亂七八糟」、「東西太多了，沒有地方放」。

不會整理與造成家中雜亂的原因到底在哪裡？

一般人都認為原因在於自己做家事的能力和性格。但是，就我看過那麼多住家的經驗來說，無法收拾整齊的原因，大多是這間屋子的格局或收納有問題。

也有人一聽到我說「不會整理並不都是你的錯」，就忍不住地落淚。

我總是自信滿滿地說，「不扔掉也沒關係。來蓋間就算不整理也會自動變整齊的家吧」。

為此，設計前要清楚知道屋主的物品數量和家具，決定新居內的所有置物空間。因為這麼一來，就能在各處設計出必要的收納空間。

這邊最重要的是「在動線最合宜之處設計收納」。只隨意增加收納是沒有意義的。結合動線和收納，才會開始發揮作用。

因此另一項提案是「高密度收納」。充分利用從地板到天花板的高度，增加層板數量的收納法，是在有限的空間中，增加收納容量的訣竅。

也有人認為「與其增加收納空間，不如減少物品」。但有很多人就是因為做不到這點，才會一直有收納的困擾，不是嗎？我極力提倡不丟棄物品的整理方法。利用高密度收納，就算家中狹小也能產生大型收納空間。

透過這些方法，就能打造出即便不刻意整理，依舊井然有序不凌亂的住家。無論是新成屋或舊屋翻修，到目前為止我經手設計過的住宅，隨時去拜訪都沒有雜亂無章的情況。善加利用整理效率良好的收納空間，就能迅速處於迎接客人的狀態。

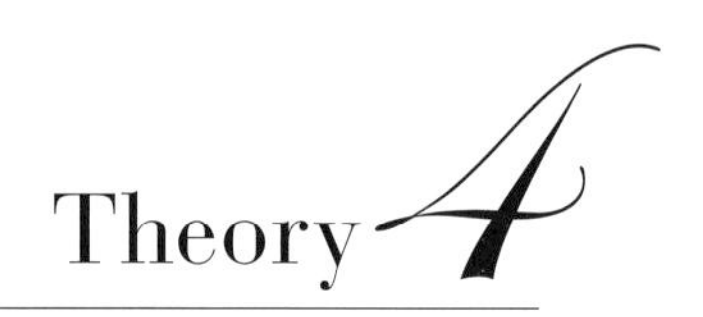

認識「視線」改變住家的整體印象

有些人認為裝潢必須具有獨特的美感，對吧。「看了裝潢書籍後，雖然覺得很棒，但我家做不到」。好像也有很多人因為這樣而覺得裝潢「很難」。但是，絕對沒有這種事。沒有自信的原因有可能是不知道自己喜歡什麼樣的裝潢。

如果希望自己的住處充滿居家品味，就要刻意地多看、多去體驗好的裝潢設計，這點相當重要。因為多數人的創造力，源自書本或實際看到的空間。若是能多方累積經驗，心中自然能浮現出裝潢創意，品味也會逐漸地變好。

如此說來，裝潢就像是學語言。只要平常處於外語的環境下，持續聆聽，有一天就突然會聽也會說了，兩者道理相通。

美學意識是在長時間的累積下所養成。要具備品味美感，必須多方觀摩設計優良的空間，對其優秀之處了然於心，這點相當重要。

要建造裝潢美麗的住家，除了努力設計、處理各種細節外，同時也要有能欣賞到裝潢的有效技法。

那就是名為「Focal Point」的觀念。

Focal Point 是「焦點」的意思，但在建築或裝潢界的說法是「進入某個空間時，視線最先聚焦的場所」。例如，踏入大門時、打開玄關或客廳的門時，最先映入眼簾的地方就是焦點。要讓人第一眼就對裝潢空間產生美好的印象，建議認清焦點後再做裝修。

一旦在自家中也過著在意「視線」的生活，就算到了外地，自然會對好的設計空間感覺敏銳，進而觸動心弦。會暫時停下腳步思考，那裡為什麼看起來這麼棒，感覺上很舒服。只要養成這種習慣，就能確實提升品味。

STORA
SPACE
NEATN

第2章

不收拾也井然有序的住家

保持住家整齊舒適的關鍵在於「收納」。
「不管怎麼收拾，還是一團亂」遇到這種情況時，
大多是室內格局或收納方法有問題。
了解各項收納規則和技巧，重新妥善處理置物區和物品數量，
住家自然會常保整齊。

GE
FOR
ESS

1. 收納讓家變寬敞

高至天花板的食物櫃，確保足夠的收納量。層板的高度可以配合收納物品的高度做調整。（坂本宅）

好收納讓住家改頭換面

是不是有很多人認為要保持家中整潔，就必須經常收拾打掃？另外，也有人覺得「家裡會一團亂是因為自己不擅長整理」，認定責任出在自己的家事能力和性格上。

但是，我到目前為止看過不少間住宅，有很多收納不順的案例卻是家中的格局和收納方法有問題。無論是新成屋或舊宅翻修，若在一開始就徹底地沿著動線畫收納設計圖的話，就能實現「不收拾也井然有序的住宅」。

由我經手設計的住宅，隨時去拜訪都保持著乾淨整齊的模樣。就算要蓋新家的客戶臨時提出「我想參觀你家」的要求，大家也能爽快地答應。先做好「不雜亂無章的系統」，就能維持住家的整齊狀態。

不減少物品
就能增加空間的收納魔法

「都是因為東西太多了。如果不減少的話……」，好像很多人都有這樣的壓力。

當然，若物品數量過多時，研擬處理對策是很重要的。但是，配合空間減少物品數量的想法未必正確。要不要試著在空間上動腦筋以增加收納量？也就是「適當增加」的觀念。

容易「收納不足」的住宅，是收納空間上有空隙無端浪費掉的案例。為了在有限的空間中增加收納量，首先，要增加層板。既然層板間有空隙產生，便將 3 塊層板增加至 6 塊層板，儲物量（空間使用率）就變成 2 倍。

像這樣提高收納密度，小住宅也有大空間可用。

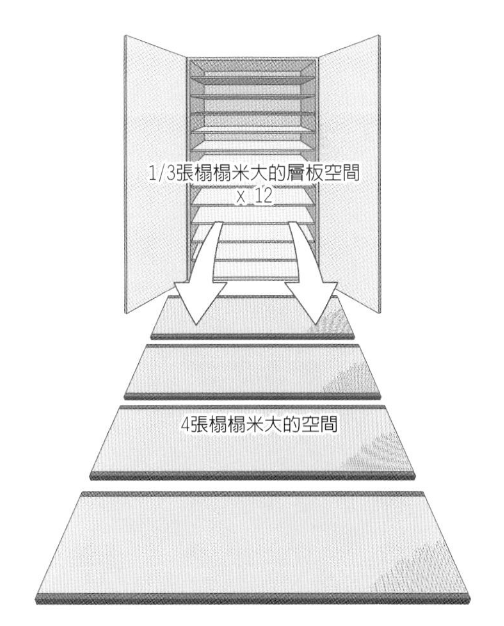

設計寬 180 x 深 30cm（約 1/3 張榻榻米大）的收納空間時，若地板到天花板的高度是 240cm，可以用 12 塊層板隔成 20cm 高。於是，就可以擁有約 4 張榻榻米大小的收納空間。在家中做 3 個這種櫃子的話，就能打造出 12 張榻榻米大小的收納空間。

和動線配套考慮，就會好整理

收納的第一原則是「收對地方」。「使用地點附近就有物品」，也就是說「物品放置處固定在使用地點附近」。總之，這點要徹底執行。沒有無謂的動作，不僅提高做家事或梳洗打扮的時間效率，而且離不整理也收拾得「井然有序的家」更近一步。

舉例來說，睡衣或內衣收在盥洗室的話，要進浴室前不用繞到別處可以直接進入盥洗室，動線流暢不浪費。在「將必要的東西放在符合生活行動的地方」的原則下，思考物品的固定位置，和為了保持「不收拾也井然有序的住家」的觀念改革密切相關。

「適所收納」清單

在「診斷」欄中寫下自己診斷出的結果（a～e）。也試著寫出想得到的適合位置吧。
a. 總是放著不收　b. 家人經常問放在哪　c. 感覺放得很遠　d. 覺得拿出來很麻煩　e. 經常找不到

	物品	診斷	適合位置
1	帽子或手套		
2	家人的外套		
3	客人的外套		
4	手帕、袖珍面紙		
5	外出時攜帶的運動毛巾		
6	口罩或暖暖包		
7	紙袋（備品）		
8	舊報紙、舊雜誌		
9	打包膠帶、剪刀、繩子		
10	家人共用的文具備品		
11	家人的健保卡		
12	醫院收據		
13	指甲刀、掏耳棒、溫度計		
14	蠟燭、火柴		
15	主婦專用的文具用品		
16	信紙、信封、明信片、郵票		
17	家電用品說明書、保證卡		
18	家庭相關文件		
19	兒童相關文件		
20	工具		
21	縫紉箱		
22	醫藥箱		
23	相簿		
24	熨斗、熨斗板		
25	錄影機、相機		

	物品	診斷	適合位置
26	電腦與周邊器材		
27	電話、傳真主機		
28	筷子、刀叉餐具		
29	取盤		
30	茶杯、咖啡杯		
31	桌布、餐墊		
32	廚餘桶		
33	空瓶罐、寶特瓶回收桶		
34	塑膠回收桶		
35	食物備品		
36	不常用的烹飪器具		
37	客用毛巾		
38	花瓶		
39	睡衣		
40	內衣		
41	毛巾備品		
42	清潔劑備品		
43	面紙盒、衛生紙（備品）		
44	吸塵器		
45	換季寢具		
46	季節性電暖爐、電風扇		
47	燈泡（備品）		
48	電池（備品）、電池（回收品）		
49	運動用品		
50	CD 或 DVD		

在上述清單中，登記為 a、b、e 的物品，大部分都「居無定所」，這正是問題原因。為了不讓放著不收的物品不見，必須訂出固定位置。一旦決定好後，就要徹底實施「在這裡用，務必要放回原位」的規定。

登記為 c、d 的物品，原因則是沒有收在使用地點附近。重新調整收納位置以縮短動線吧。

考慮方便家人協助的收納

收拾整理不是一個人的責任。沒有家人的幫忙，就不會有美麗的住家。請留意左頁清單當中，「容易不見」而且「共用」的物品，將其放在大家容易看得到的地方，並告知家庭成員，方便他們協助收拾。

另外，「只有自己會用的物品」，放在自用的籃子中做責任管理，盥洗室等場所尤其建議使用這個方法。像是個人專用的內衣籃。護髮用品或化妝品等小東西，也需準備籃子放入所需分量後收好。規定家人要用時從層架上拿出各自的籃子，用完再放回去。

這麼一來，就能減少「誰的東西總是放在那裡不收……」之類的物品了。

掌握「測量敏銳度」成為收納達人

要成為住宅裝潢達人，首先建議隨身帶著 1 ～ 2m 左右的小型捲尺（測量用）。

考慮舊宅翻修的人、想重買家具的人，以及想花點工夫增加收納空間的人，試著測量各式物品是有助益的。

知道毛巾摺好後的寬度，才會了解洗臉盆櫃的所需深度；知道上衣的肩寬後，才會對衣櫃的深度有概念。玻璃杯的高度通常為 9cm 上下，由此可知玻璃杯櫃單層的高度可以低於預估值。

比較一下眼睛看到的想像尺寸，和實際測量後的尺寸，就能知道自己的「測量敏銳度」有多正確（準不準）。不久，心中那把尺的『測量敏銳度』應該就會成為讓住家更棒時的有力武器。

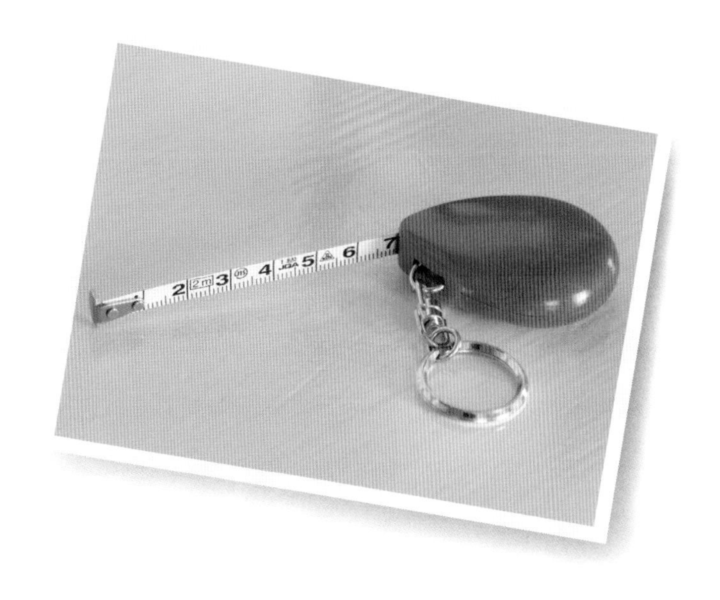

2. 讓廚房成為自己的駕駛艙

開放式廚房中不可欠缺的就是大容量收納櫃。照片正面的門後，有食品櫃和冰箱，餐具則收在工作台抽屜內。（高橋宅）

只要伸手就能拿到所需物品，享受烹飪樂趣

被問到「用起來得心應手的好廚房是？」時，我回答說「像駕駛艙般的廚房」。整合集中所有功能，只要做伸手、轉身的動作，就能滿足一切需求，擁有這般配備的廚房。

例如，從烹飪區到微波爐的距離、從水槽到冰箱的距離、從水槽到垃圾筒的距離，要集中在 0 ～ 2 步內。在這樣的廚房中，可以妥善處理烹飪事宜，且方便收拾。

雖說依住戶的生活型態而異，但最近，有很多設計案是廚房前端做成開放式的「對面型」廚房。優點是在廚房作業的人不會被孤立，容易和家人間互動。這時，在背面做擺放電器的櫥櫃，上下全部做成放餐具和食材的收納櫃，就能輕鬆實現「駕駛艙」。

1 將調味料收在瓦斯爐附近的話，烹飪時就不須走動，相當輕鬆。（高橋宅）
2 水槽和瓦斯爐下方設有開放式層架，所以只要一個動作就能取出鍋具和調理盆。（莊宅）

1 杯子類放在咖啡機下方，將泡咖啡的動線歸零。咖啡溢出時用來擦拭的抹布也收在一起。
2 水槽下方不裝門板，調理盆、篩網和鍋具等收於此處。不知該放哪裡的鍋蓋，可以在最上方設置薄型專用架，看起來清爽俐落。因為通風良好，根莖類蔬菜也可以放在籃中收於此處。

將用品固定收在使用場所附近

即便在廚房，「動線」仍是設計的重點。為了盡量減少移動的腳步，將工具或調味料收在使用場所附近，並且把使用物品盡量集中在近處，這點很重要。

例如，杯子的收納櫃，可以設在咖啡機旁邊。調理盆或鍋具就擺在水槽下方。平底鍋或勺子、調味料則放在瓦斯爐附近。電子鍋就固定放在離餐桌最近的場所。

將物品放在一處以完成作業，就能減少無謂的動作，縮短備餐時間。

3 在部分廚房工作台上安裝耐熱磁磚。就算沒有逐一擺放鍋墊，也能放上熱茶壺或鍋子。（高橋宅）
4 廚房背面的櫥櫃下方抽屜，可以收納很多餐具。內側門內裝有拉籃食品櫃。（沼尻宅）

電子鍋、麵包機需要時才拉出來的收納設計，使用方便。（片山宅）

集中整合所有功能的廚房

廚房周圍和背後收納空間的實際距離，要比想像中窄才方便。因為使用微波爐或整理洗好的餐具時，幾乎不用走動就能完成。很多時候只有一個人站在廚房，和背後收納櫃的距離，最有效率的設定是其他人經過後面時剛好不會擦撞到的 75 ～ 80cm。就算家中廚房經常有兩個人在裡面做事，也可以設為 85cm 左右。

為了要在移動範圍最小的情況下拿到所需物品，將常用物品收在視線等高處。一起使用的東西收納在相同場所也很重要。

以下介紹的是我到目前為止一邊工作一邊做家事、照顧小孩，汲取這些經驗打造出可以在短時間內煮好飯，功能優越的廚房。

1

2

3

4

5

6

1 因為收納櫃的把手做成長條狀，可以吊掛抹布。
2 備餐台的牆面上裝有磁性面板，可以吸住金屬容器。也能裝入辣椒或香辛料等當成裝飾品。
3 和客廳連接的獨立型廚房。因為外面通常沒有放置物品，保持通暢狀態，作業得以迅速進行。
4 廚房中最占位子的微波爐，做成吊掛式收納。因為與視線等高，方便看到內部情況，順手好用。
5 擺放香辛料的層架設於瓦斯爐附近。可以一邊烹飪一邊單手拿取，使用方便。
6 水槽上方吊櫃的最下層，裝設瀝水架，所以不用放瀝水籃。
7 從洗碗機拿出餐具收納時也只要輕鬆轉身就能完成。簡直就像在駕駛艙內。（水越宅）

7

3. 兼顧飯廳活動的收納

為了消除壓迫感，分成櫥櫃和吊櫃式收納。收藏的餐具擺在吊櫃中成為「擺設收納」。取盤或餐墊等則收於櫥櫃中。（沼尻宅）

就近收納在飯廳使用的餐具或烹飪器具

雖然有很多人固定將「所有餐具收在廚房的餐具櫃」，但有些物品收在飯廳附近用起來比較順手。例如取盤、筷子、刀叉組、茶杯及餐墊等。

收在座位附近，家人要幫忙備餐也比較方便。用餐時，若有人說「再給我一個小盤」，不用特地走到廚房就能拿到。

有些電器和烹飪器具也是放在飯廳比較好用。像是烤麵包用的小烤箱或卡式瓦斯爐等，如果有空位就放在飯廳旁，馬上就拿得到相當方便。

小盤、刀叉、筷子、客用咖啡杯或茶杯、酒杯等都收在飯廳餐櫃的抽屜中。（水越宅）

1 因為小烤箱就放在餐桌旁，所以麵包一烤好就能端上桌。不用時，可以關上門板收起來。（沼尻宅）

2 遮住廚房爐灶的中島下方做成收納櫃。放平常會用到的小盤、茶杯和急須壺等。（小川宅）

飯廳收納也要考量用餐以外的活動

飯廳應該是全家人待得最久的地方吧。除了用餐外，會在這裡喝茶、招待客人、寫點東西、打電腦，小孩還會在這裡寫功課。

想一下會在飯廳做的活動。活動所需物品可以收在飯廳嗎？不只是餐具或刀叉組，文具、字典、書籍和藥品等，事先分類收好就很方便。因此，飯廳中通常會設計容量足夠的收納櫃。

收納櫃的位置若是低於視線高度就不會遮住視野，因此能在感覺不到室內變窄的情況下創造出收納空間。

有很多主婦在飯廳使用電腦。事先在櫥櫃中設置放電腦的空間，不用時就能收拾清爽。（福地宅）

2

1 只要餐桌上沒有任何雜物，就會讓人覺得舒服。為此，飯廳要設有足量的收納空間。（北原宅）
2 常用文具放在飯廳的斗櫃中。利用分隔盤細分種類，方便取用。（水越宅）
3 小孩在飯廳寫功課或讀書的期間，如果能有空間放書包和課本的話就很方便。（高橋宅）

4. 不留雜物在全家人放鬆休息的客廳

設計低矮的收納櫃，可以放容易堆滿客廳的日用品，櫃體上也能擺放裝飾品。（福地宅）

減少收納空間，並設於不顯眼處

客廳是全家人或客人用來放鬆心情的場所。坐下時視線所及一片雜亂，就會讓人覺得不舒服。

客廳的收納，建議採取坐著時不在視線範圍內的低矮櫃體收納。沒有壓迫感，還能在櫃子上擺裝飾品。除此之外，只放古董家具等「展示用的擺設家具」。

映入眼簾的是喜歡的擺設和綠色植物，頂多加上窗外風景。這樣的客廳，會讓人更愛上居家時光。

1 客廳中盡量不放家具，採用低矮的櫥櫃。因為可以藏起所有不想讓人看到的物品，裝潢顯得格外漂亮。
2 收在櫃子中的除了抱枕套、沙發套等布製品外，還有擺飾雜貨等備用物品。（水越宅）

非做不可的
必需品空間
隱然存在

　　客廳中會用到的物品，收在客廳比較方便。像是抱枕套等布製品、CD 和 DVD 等，盡量不引人注意地收在使用場所附近的收納區。因此，不擺收納家具，設計成收在牆內等，不用時隱身不見的收納最為理想。

1

2

1 照片右側是利用樓梯下的畸零空間蓋的愛犬狗窩。因為不用在客廳中另闢空間放置，讓可用區域更寬敞。
2 有訪客時，可以事先帶進籠子中。
（坂本宅）

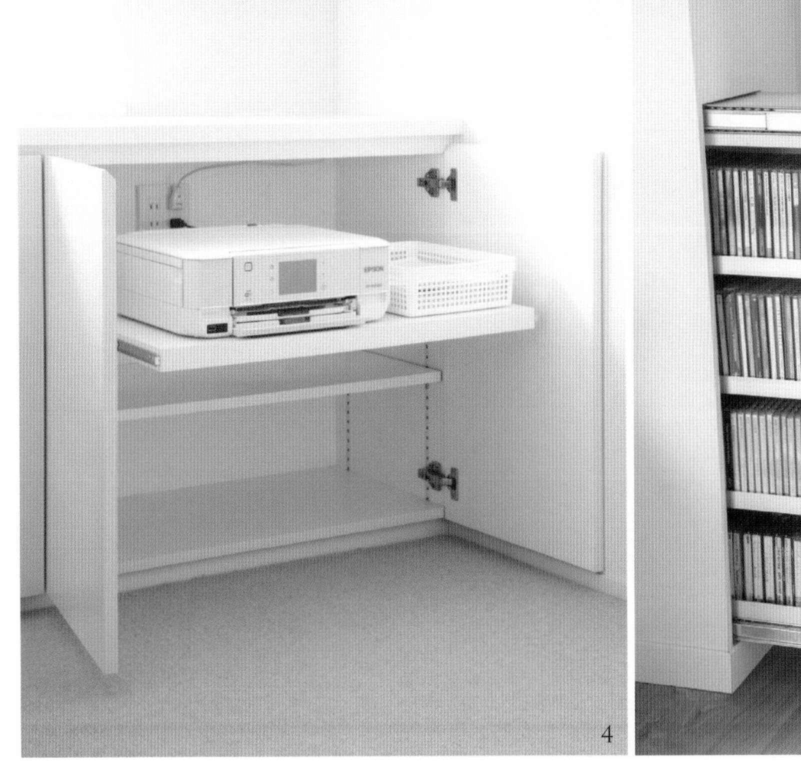

3 設於沙發後面的收納空間。裡面放置沙發套和抱枕套，相當方便。平時關上門板隱藏起來。（沼尻宅）

4 不想外露的印表機，用滑軌收在門內。（中岡宅）

5 擺出來略顯凌亂的 CD，以滑軌式層板收在牆內。（沼尻宅）

5. 依生活型態決定衣櫃組合

專為常穿和服的女主人設計的衣櫃。不在臥室而是在明亮的客廳一隅，左邊的牆壁上設有兩面對照的鏡子。和服腰帶收在抽屜式層板中，此外常用腰帶則掛在桿子上。（中岡宅）

不打亂夫妻彼此生活步調的設計

衣櫃的種類大致可分為衣帽間和牆面式兩種。衣帽間的優點是服裝一覽無遺。而牆面衣櫃因為不需要進入的空間，就算室內狹窄也能裝設。

關於夫妻間的衣物收納場所，應衡量各自的生活步調再決定。在通常是妻子先起床梳洗的家庭中，她的衣櫃要設置在不吵醒先生就能更衣的地方。如果大多在相同時間更衣的話，衣物不要放在同一處，行動上比較順暢。

衣櫃不一定要在臥室內。將更衣處和衣櫃設計在盥洗室附近，也相當順手好用。

1 更衣處設有衣櫃，和洗臉台、浴室相連接。（小林宅）
2 主臥室中設計了兩座衣櫃。左邊的衣帽間是妻子專用，右邊則是先生的。早起的妻子因為睡在左側床鋪，能在不打擾先生睡眠的情況下更衣。（小川宅）

6. 盥洗室收納是舒適居家的起點

思索在盥洗室的行動，方能得知收納需求

雖說有不少家庭的盥洗室空間不大，但在這裡做的各種生活行為遠比想像中還多。雖是全家共用的場所，但還是要充分瞭解每項需求會用到的私人空間。

洗澡時更衣、洗衣、洗臉、上廁所、刷牙、化妝、吹頭髮或梳髮、刮鬍子、戴隱形眼鏡⋯⋯。有時還會在這裡做鮮花浸水保鮮、衣物預洗浸泡等事。

內心想著「在這會用到的必需品全部收於此」，自會明白需要什麼樣的收納空間。不只是洗臉用品或清潔劑，內衣和睡衣也收在這的話，洗澡時的動線就會變得順暢。

為了讓浴櫃檯面維持沒有雜物的狀態，需要充足的收納空間。利用大面鏡子讓空間看起來寬敞。（中岡宅）

1 睡衣和內衣也收在盥洗室的話，就能縮短洗澡時的動線。（高橋宅）
2 準備每位家人的「私人置物籃」，要用時再拿出各自的籃子，就不會弄亂盥洗室。（高橋宅）
3 毛巾掛架設在不顯眼的位置。（莊宅）

在高達天花板的牆面收納櫃中，放著所有必需物品。因為深度淺，內容一覽無遺，不會找不到東西。在各個不顯眼處裝設毛巾掛架。（坂本宅）

利用高達天花板的牆面收納放置全家人的用品

「透過翻修改善盥洗室後，生活變得舒適」像這樣令人開心的事屢見不鮮。想要放得下各種物品的寬敞浴櫃，為了收納所有必需物品，要是有高達天花板，容量充足的壁面收納就很方便。

適當的壁面內凹寬度為1尺（303mm），這正是合用的收納空間。合用指的是和常見的A4塑膠籃尺寸搭配得宜。櫃內空間容易區分，看起來也有條不紊。

洗臉盆櫃下方做成開放空間，就能放置脫衣籃或洗衣籃等，也能坐在椅子上化妝或是悠哉刷牙。

如果盥洗室沒有多餘的空間，也可以考慮是否將洗衣機挪到別的地方。

1 盥洗室沒有多餘的空間時，就在前方走廊等處設置容量充足的浴櫃。洗衣所需的清潔用品等，收在盥洗室內的吊櫃中。（福地宅）
2 在盥洗室入口背面安裝高達天花板的牆面收納櫃。可以放置大量的必需用品。（山田宅）

7. 寬敞的玄關收納是住家救星

從地板到天花板的牆面收納櫃，可以充分收納一家四口的鞋子和雜物。櫃體門板搭配牆壁及地板顏色，相當漂亮。（青木宅）

若有高達天花板的大型收納櫃，玄關使用空間就很寬敞

玄關是歡迎心愛家人「你回來啦」的場所，也是最先迎接客人的地方。正因為是決定第一印象的關鍵地點，希望是個明亮寬敞令人舒適的空間。

除擺飾品以外不放任何雜物，為了保持隨時清爽的狀態，需要放得下全家人鞋子的大型收納櫃。孩子還小的家庭，我會預設今後鞋子將會增加，希望準備好充裕的收納空間。

因此我都會在玄關設置高達天花板的牆面收納櫃。不做垂壁，而是安裝和牆面連成一體的門板，藉此讓空間看起來清爽俐落。

1 照入柔和光線的玄關廳堂。安裝大面鏡子，具有讓空間看起來更寬敞的效果。
2 放了一家四口鞋子的牆面收納櫃。因為層板的高度可以調整，今後想增加收納量時，還能增設層板。（高橋宅）

玄關收拾妥當，屋內就不凌亂

除了鞋子以外，還有很多物品想放在玄關。像是客人的外套、家人常穿的外套、小孩到外面玩時使用的道具等，室外才會用到的物品，收在玄關會比較方便。手帕或面紙等也放在玄關的話，就不會忘記帶。

依季節而替換的玄關飾品，最好事先收在玄關。另外，從外面帶進來用不到的物品，像是 DM 或快遞紙箱等，若能在玄關做處理，就不會弄亂家裡，保持家中舒適。

1 在玄關擺放季節性飾品，迎接前來的客人。日式斗櫃中放著各季節的裝飾品。（水越宅）
2 玄關旁的儲藏室放有碎紙機、刀片和垃圾桶。中間的白色門板，連接著玄關信箱。在這裡拆信拆包裹，不需要的物品立即做處理。沒用的物品不帶進家中。（玉木宅）

把手帕、面紙、手套等外出必備的物品收在玄關，就不會忘東忘西。打包時會用到封箱膠帶和剪刀等，也整理在一個籃子中放置玄關。（高橋宅）

鞋子以外的玄關收納實例（高橋宅）

❶季節飾品　❷偶爾才用的背包　❸婚喪喜慶及換季的鞋子　❹野餐墊　❺帽子　❻圍巾、披肩　❼運動鞋　❽封箱膠帶、繩子、剪刀、手電筒　❾雨衣、摺疊傘、出遊道具　❿手帕、面紙、手套　⓫戶外球類　⓬外出到附近時穿的外套

8. 好用的走廊、樓梯等淺空間收納

1

不浪費走廊空間的收納

如果想在有限的面積增加收納量，就要盡量利用地板到天花板的高度來收納物品。不做垂壁，可以讓空間看起來清爽，門板顏色和牆壁顏色相同的話，整體空間更是融為一體，備感寬敞。

另外，利用層板細加區隔，既可以增加驚人的收納量，內部整體一覽無遺，所以能立刻找到所需物品。像這樣的收納空間，我稱之為「塔型收納」。櫃子深度做得淺，也不會找不到塞進去的物品。

2

3

1 位於玄關進門處的走廊收納空間。裡面放了外套、鞋子和雜物等，配合收納物品改變深度。（水越宅）
2 位於樓梯旁邊走廊的收納空間。不用一個個開門關門地找，打開一次就能看清內部的大型層架相當方便。（永島宅）
3 樓梯上方走道兩邊設有書架。因為是一天要經過好幾次的地方，也具有讓孩子們自然對書本產生興趣的效果。（山田宅）
4 位於走廊高達天花板的收納空間。深度淺僅有 33cm，因此不會找不到物品，正適合放 A4 大小的白色置物籃。（片山宅）

4

第3章

利用「動線」讓生活舒適

「動線」指的是人們在住家中移動的軌跡。
做任何事都要浪費幾步路的家，稱不上是舒適的住宅。
影響動線的設計，就是「格局」。
只要重新審視這部分，就能提高時間效率，不易讓家中雜亂無章。

COMFORTABLE FLOOR

1. 臥室鄰近用水處的住宅生活方便

臥室、盥洗室和浴室比鄰而建的「飯店式設計」。縮短早上梳洗、夜晚沐浴及就寢時的動線，生活方便。（玉木宅）

縮短梳洗換裝和做家事的動線，提高生活效率

「重新評估盥洗室的位置，是改善生活的重要關鍵」——每次蓋房時，都會對此感同身受。現在不論是蓋新居或是翻修舊屋，「重作盥洗室」都是我的設計重點方案之一。

盥洗室是進行各種生活行為的場所，是改變現狀或生活品質，修整儀容的空間。同時也是全家人一天會共用數次的地方，在這裡進行的是裸身、刷牙等相當個人的行為。這麼重要的空間，必須位在家中適當的位置上，符合舒適需求，生活才會有效率。

我提供給每位客戶的方案都是「用水處盡量靠近臥室的設計」。早上起床馬上就能完成洗臉、更衣等梳洗打扮，到廚房準備早餐。洗完澡後，立刻就能從和盥洗室或和它相鄰的臥室衣櫃中，拿出內衣或睡衣換上……。

雖說看似簡單，實際按這樣的格局設計入住後，就能明白生活上發生的戲劇性變化。若是家中有幼兒者，更能深切地感受到所帶來的舒適性吧。而三代同堂的住家，就算玄關和廚房等處共用，盥洗室最好還是分開使用。

改變用水處的動線，應能提升生活效率，減少全家人的壓力。

從眼前的盥洗室到主臥室、廚房和飯廳之間，利用無障礙拉門做連接。因為玄關旁就有化妝室，訪客不會用到這間盥洗室。（新地宅）

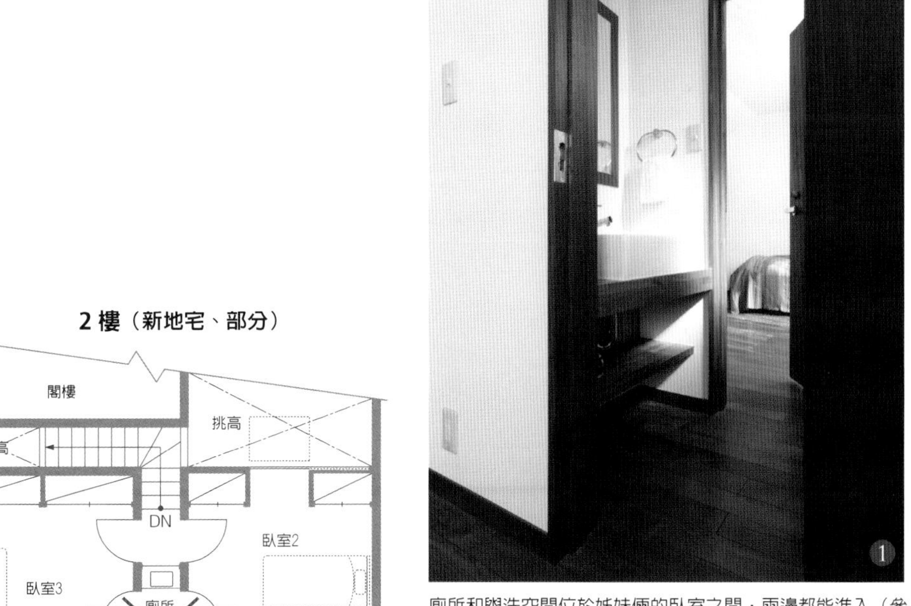

廁所和盥洗空間位於姊妹倆的臥室之間，兩邊都能進入（參考左圖）。早上起床後，不須多做移動就能梳洗完畢，相當方便。（新地宅）

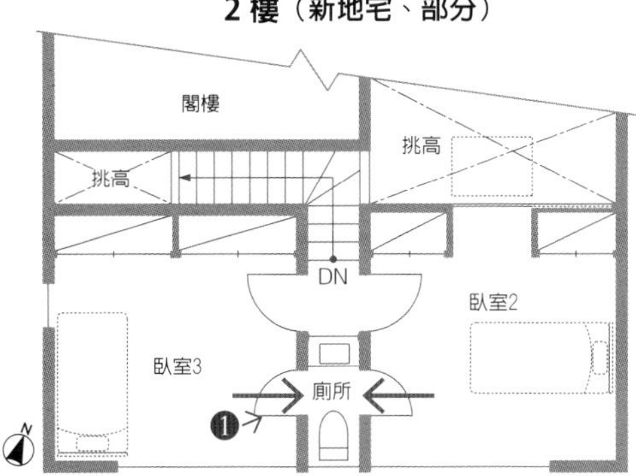

重設洗衣動線改變生活

洗衣和備餐一樣，是大部分人每天會做的家事。不光是洗衣，也包括衣物的穿脫、摺疊、收納等動作，我們因衣物而移動的距離相當長。我在思考住家整體設計時會以這部分的「洗衣動線」為基準。

比方說，以睡衣為例試想一下。早上起床脫掉睡衣後，到晚上再穿起來，應該有如右圖所示的 7 個動作。你會走多少步在各個地方間移動呢？

如果走動的步數少，就能有效地利用時間。上樓從洗衣機走到曬衣間，把摺好的乾淨衣物拿到每位家人的房間，要做的家事相當多。心中或許會想「幾十步的差距很小」，但日積月累下來，一輩子浪費的時間、勞力及壓力，卻比想像中還大。

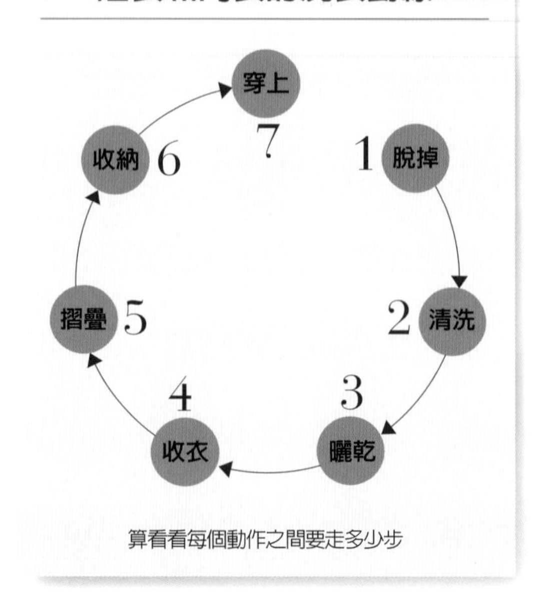

算看看每個動作之間要走多少步

設法縮短動線

即便沒有蓋新屋或翻修舊屋的打算，或許可以藉著改變收納場所，重新評估空間利用對策，以縮短洗衣動線。

例如每次洗澡時，特地走到衣櫃拿內衣或睡衣就是件麻煩事。如果把內衣或睡衣放在盥洗室，從任何房間都能直接走到盥洗室，就用不著上圖⑥→⑦的動線。

那晾衣服和摺衣服的地方呢？在曬衣間附近架設工作台，在那裡摺衣服的話，自然就能省略③→⑤的動線。

一旦縮短洗衣動線，生活就會變得簡單且舒適。若是考量到上了年紀後的生活，便希望規劃出能減輕身體負擔的效率化動線。

下列動線要走多少步？

廚房工作台 ⟺ 微波爐
廚房冰箱 ⟺ 水槽
廚房水槽 ⟺ 垃圾桶
取盤或刀叉組 ⟺ 餐桌
衣架 ⟺ 曬衣間
小孩的讀書用品 ⟺ 常用的書桌
筆記用品 ⟺ 寫東西的地方
飾品 ⟺ 鏡子

洗衣、收拾、梳洗打扮都在一處完成的循環動線

臥室位於 2 樓時，如果用水處也在 2 樓的話，生活動線就會變得輕鬆。在右圖的井藤宅中，臥室、盥洗室、浴室和廁所集中在 2 樓，盥洗室中並設有大型衣櫃和曬衣間。因為梳洗打扮、更衣、洗衣都能在一處完成，頗具效率。繞著位在盥洗室中央的收納櫃走一圈的格局設計，讓動線更加順暢。最重要的是衣物只停留在這間房間，所以很難在其他地方堆得亂七八糟。因為客用廁所位於 1 樓，有客人來時也不用慌張地打掃整理。「早上出門時的準備變得順暢無比」也讓女主人相當開心。

洗衣動線實例（井藤宅．2 樓）

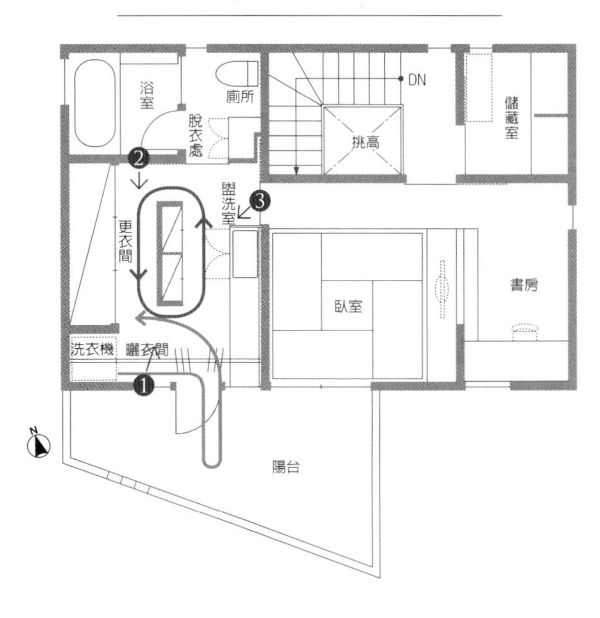

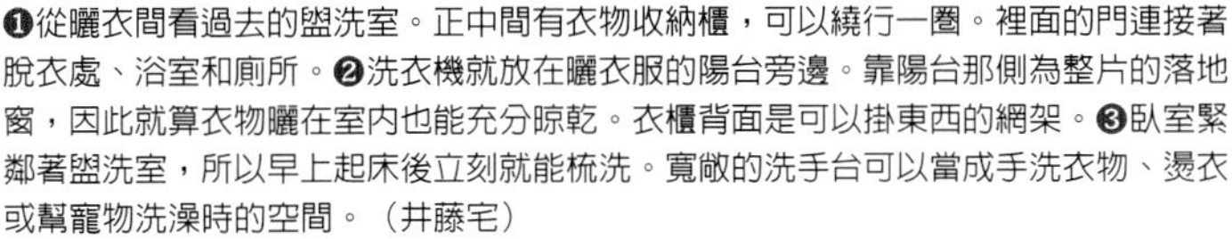
❶從曬衣間看過去的盥洗室。正中間有衣物收納櫃，可以繞行一圈。裡面的門連接著脫衣處、浴室和廁所。❷洗衣機就放在曬衣服的陽台旁邊。靠陽台那側為整片的落地窗，因此就算衣物曬在室內也能充分晾乾。衣櫃背面是可以掛東西的網架。❸臥室緊鄰著盥洗室，所以早上起床後立刻就能梳洗。寬敞的洗手台可以當成手洗衣物、燙衣或幫寵物洗澡時的空間。（井藤宅）

洗衣動線實例—高橋宅

以「飯店式設計」結合早晚動線

以夫妻臥室為中心規劃梳妝動線和洗衣動線的實例。臥室內只設置衣櫃的簡單陳設。以臥室、盥洗室和浴室相連的「飯店式設計」結合起早晚的梳洗及洗衣動線。另外，曬衣服的陽台也在臥室隔壁，因此「洗衣→曬衣→收衣」的衣物動線相當順暢。不需要抱著換洗衣物上下樓梯。因為盥洗室內的收納空間相當充足，所以也能將內衣和睡衣收在此處。

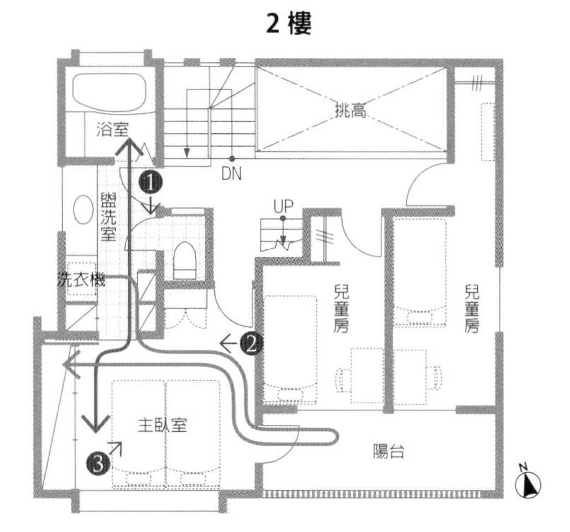

2樓是有獨立單人房和用水處的設計。盥洗室的出入口，不光是位於主臥室，孩子們經過的走廊邊也有。

❶從夫妻臥室連接著盥洗室、廁所及浴室的「飯店式設計」。左手邊是放置洗臉用品、洗衣用品和毛巾等容量充足的收納櫃。❷臥室內有暫時吊掛衣物的掛繩（不用時可以收起來）。❸從陽台收進來的換洗衣物，吊在②的掛繩上，於床上摺好後，可以收進臥室內的衣櫃中，就是所謂的最短動線。

2. 在一處做完家事的動線規劃

盡量讓每天的家事動線趨近於零

做家事的時間，越短越好。對家庭主婦或職業婦女而言都一樣。如果每天煮飯和洗衣都在相同地方，就非常有效率。

實現此事的設計，就是把洗衣機擺在廚房內。這時要注意的是，晾衣服的地方也需位於廚房附近。如此一來，就不用抱著沉重的洗衣籃，穿過客廳，上下樓梯。

事先想好未來年老時，能減輕家事負擔的動線設計，這點相當重要。

女主人經常在家的家庭，做家事的地點位於廚房旁邊的話，就很輕鬆方便。放一台電腦，既可以查食譜，也能在家務空檔檢查電子郵件。（青木宅）

1 把洗衣機擺在廚房空間內。有客人來時，關上拉門，就能藏起洗衣機。曬衣服的陽台在廚房隔壁，因此動線很短。
2 最讓人傷腦筋的是衣架放置處。在洗衣機旁邊設置能掛放衣架的橫桿架。（青木宅）

燙衣板也是令人頭痛不知該收在哪裡的家事工具之一。在飯廳餐櫃的某一邊裝設燙衣板。不用時可以摺疊俐落收起。（青木宅）

2樓

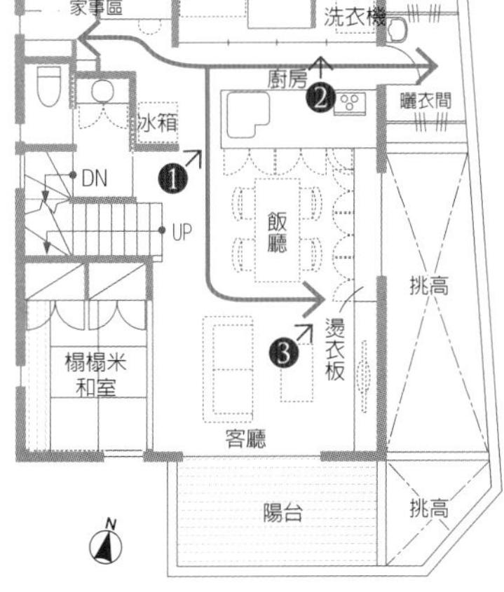

洗衣機放在廚房，後門處做成曬衣間，如此一來，在早晚忙碌的時間內，就能在一處做完大部分家事。（青木宅）

3. 依生活型態來規劃動線

打造「以人為本」的住家所需條件

一天內要上下好幾次樓梯的格局、明明只有兩夫妻卻區分過細難以使用的隔間……有沒有覺得生活是在勉強配合那樣的住家結構？也有人沒注意到那有多不方便而繼續住在裡面吧。

該是佇足審視這種住家和生活方式的時候了。應該重視的不是用自己的生活型態來配合形式化的「舊式住家」，而是刻意規劃「自我優先」的住宅，有很多人開始意識到這一點。越來越多人翻修難以居住的家，重新評估受拘束且效率低的生活品質。

可以說「住家以人為本」的時代終於來臨了。

住宅是呈現生活方式的場所。這麼一說或許有人會覺得言過其實，但想住在什麼樣的家裡和想怎麼生活以及要有何種生活態度，彼此密切相關。

一天當中有大半時間在家裡度過的主婦家庭，和白天沒人在家的雙薪家庭間，對於舒適格局的看法多少會有差異。比如說，對職業婦女而言，是否能順利地從主婦模式切換到工作模式，是輕鬆生活的重點之一。因此，梳洗打扮的場所動線就相當重要。

在有幼兒的家裡，隨時都有兒童物品散落其間，令人備感壓力。每一次客人來訪時，不覺得壓力上身的生活格局是考慮重點。

和年老長輩同住的家庭，最重視可以確保各自隱私的空間，不強迫任何一方忍耐的隔間。

為了打造沒有壓力、舒適的住宅，必須設法符合各個家庭成員的生活型態。試著配合自己當下的生活重新評估住宅吧。對此的最佳捷徑是「檢討動線」。重新審視動線，就是「重新觀察生活本身」。

（北原宅飯廳）

CASE 2

家有幼兒的動線實例—北原宅

臥室、用水處與遊戲室集中於 2 樓的格局

育兒家庭的設計重點是消除媽媽的壓力。如果盥洗室位於全家人睡覺的臥室旁，早上和晚上就能從容地梳洗沐浴，有效率地度過親子時光。另外，若是設置「再怎麼亂也無所謂」的兒童遊戲區，就能讓媽媽笑口常開。

北原宅就是這樣的住家。孩子們的遊戲室就在無法從客廳直接看到的位置上，所以就算滿地凌亂也不會被看見。挑高至 2 樓的天花板，採光充足，這樣的格局既能察覺到家人動靜，也讓生活沒有壓力。

❶

❷

❸

❶因為天花板挑高，客廳顯得明亮寬敞。從樓下看不到遊戲室，所以就算有客人來也很放心。❷孩子們可以盡情玩耍的寬敞遊戲室。長大後，打算隔成兩間兒童房。❸緊鄰客廳和飯廳的和室。女主人在廚房忙時，小孩可以在這裡睡午覺或遊戲。

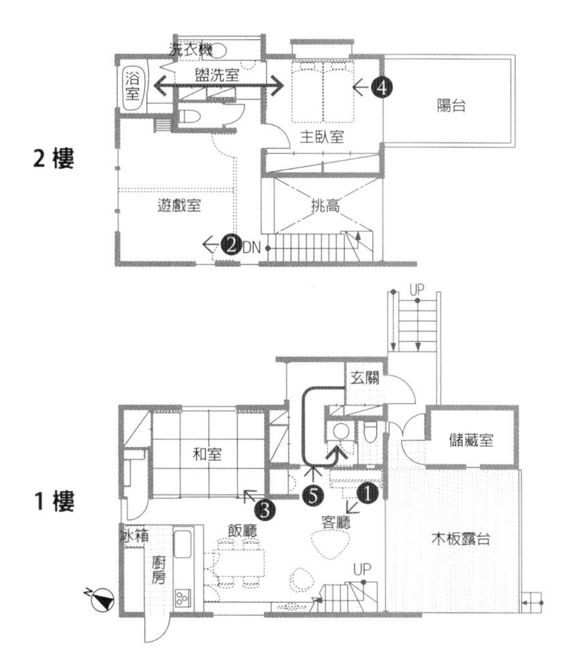

在1樓寬敞的木板露台旁邊是放置男主人衝浪板等物品的儲藏室。遊戲室、臥室和廁所等私人區域則集中在2樓。

❹因為是臥室連接著盥洗室、浴室的格局設計，幫小孩洗澡相當方便。從遊戲室也可以直接走到盥洗室。❺玄關附近有客衛和洗手台，小孩回家後也能馬上洗手。

雙薪家庭的動線實例—玉木宅

職業婦女居住舒適的住家
重點是梳洗打扮動線

和全職工作的女主人一起琢磨出家事效率高的動線。1 樓是主臥室和用水處，2 樓則是 LDK 和客房的屋內格局。

1 樓的循環動線為「臥室→盥洗室→家事間→衣帽間→臥室」。對雙薪夫妻而言，因為可以在這裡一次完成梳洗打扮等早上的外出準備，效率頗佳。

回家後，一樣在 1 樓就能梳洗沐浴完畢，所以能在走上 2 樓前切換成主婦模式。不會直接穿著睡衣或外出服穿過客廳。

❶從玄關起為私人區域的衣帽間、接著通往盥洗室，所以下班回家後可以在這裡切換成主婦模式開關。❷左邊是臥室，右邊是衣帽間。兩者在內部相連形成循環動線。起床後的梳洗打扮也很順暢。

❸臥室隔壁是盥洗室。裡面是浴室，照片前方則是廁所。和浴室採透明隔間，看起來明亮寬敞。左側牆上裝有毛巾架。❹ 2 樓是採光良好的客廳和廚房。右邊後面是化妝室和客房。❺連接衣帽間和盥洗室的家事間。橫桿架在洗衣機上方，利用從大片面西窗戶曬進來的陽光，充分曬乾衣物。可以在工作台上摺衣、燙衣。

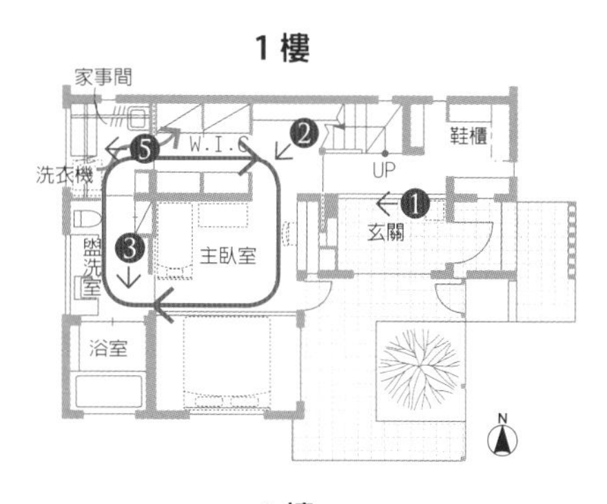

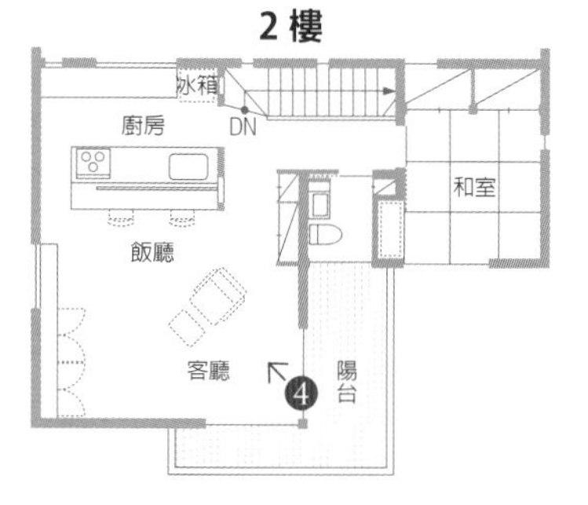

1 樓是主臥室和用水處，2 樓則是 LDK 和客房。2 樓也有附盥洗空間的化妝室。廚房、客廳和飯廳位於 2 樓，保有採光及隱私。

CASE 4

三代同堂的動線實例①—莊宅

以面向庭院往外突出的單人房來增加獨立性

生活在莊宅的是兒子一家和母親，只做一個玄關、廚房和浴室，屬於完全同居式的三代同堂住家。

1 樓左邊到底是母親的臥室，2 樓則是兒子一家人的空間。母親的房間面向庭院往外突出，增添獨立性。為了避免三代同堂住宅經常發生的噪音問題，不在母親的臥室上方蓋房間為其重點。

雖然盥洗室、浴室及廁所位於 LDK 後面，但兒子一家只在洗澡時進來。白天關上拉門的話，就能成為母親房內個人使用的空間。

❶正面拉門的左後方是母親的臥室。右後方連接著盥洗室、廁所和浴室。白天關上拉門，這裡也能成為母親的私人盥洗空間。❷母親的臥室面向庭園往外突出。可以悠哉地眺望庭院綠景。床邊是凸窗，光線明亮。就算躺著也看得到綠意。

❸和 1 樓母親臥室相鄰的明亮盥洗室。也有可以燙衣服之類的家事空間。後面是浴室。❹位於盥洗室後方的廁所。同時也是客衛，設有洗手台。

❺和 2 樓夫妻臥室相鄰的盥洗室與廁所。臥室附近裝有室內曬衣桿，提高「曬衣→收衣」的動線效率。❻夫妻臥室。照片右前方是大型衣櫃。

1 樓

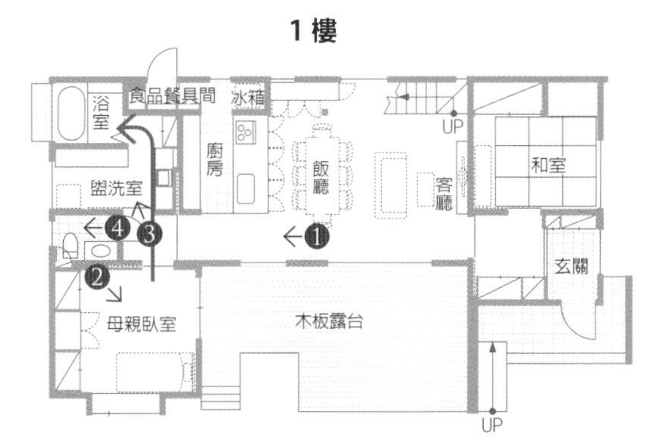

2 樓

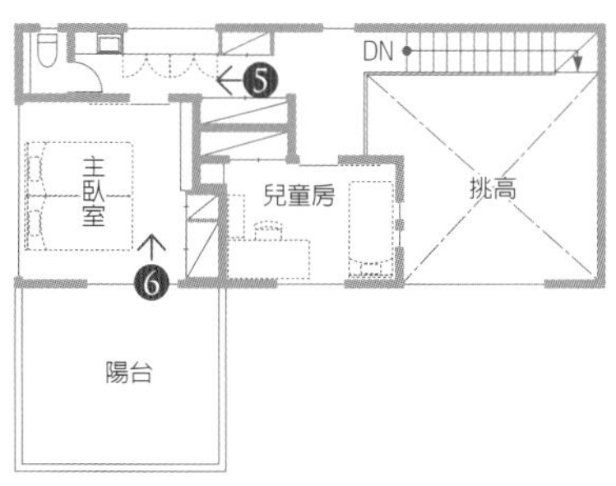

1 樓的格局是 LDK、佛堂、母親臥室和用水處。2 樓則是夫妻臥室、兒童房、盥洗室與廁所。母親的臥室上方沒有房間，可以避免噪音問題。

三代同堂的動線實例②—小川宅

關上門就成為母親的獨立起居室

在同居式三代同堂的場合中，要住得舒適重點在於盥洗室。分開各自梳洗空間的盥洗室，就不會侵犯到彼此間的隱私，就能住得舒適。尤其上了年紀後，離盥洗室越近越方便。在小川宅中，因為臥室內設有母親專用的盥洗空間，隨時都能慢慢來不須在意其他家人。

而且，只要關上連接客廳和玄關的門，就成為緊鄰廁所和浴室的空間，可以當作母親的獨立起居室。母親對於這樣的動線相當滿意，覺得「就像飯店般舒服」。

年輕一輩的臥室、盥洗室和廁所則位於2樓。

❶母親的臥室位於1樓。能在保有隱私的情況下，從落地窗眺望庭院景致。有朋友來訪時，榻榻米墊可以充當床鋪，相當好用。❷安裝在衣櫃當中，母親專用的洗臉台。因為就在床旁邊，早晚梳洗或外出打扮時非常方便。

❸即使站了兩個人使用空間依然寬敞的廚房。後面餐櫃不用時，關上拉門顯得清爽俐落。烹飪區上方的工作台高度為 25cm，從客廳和飯廳看不到做菜時的動作。❹為了方便雙方使用洗衣機，放在樓梯最下方。關上門就看不到了。❺一上樓的左邊是年輕輩的電腦區。在兩代同堂的住宅中，保有女主人白天的私人空間也很重要。

1 樓

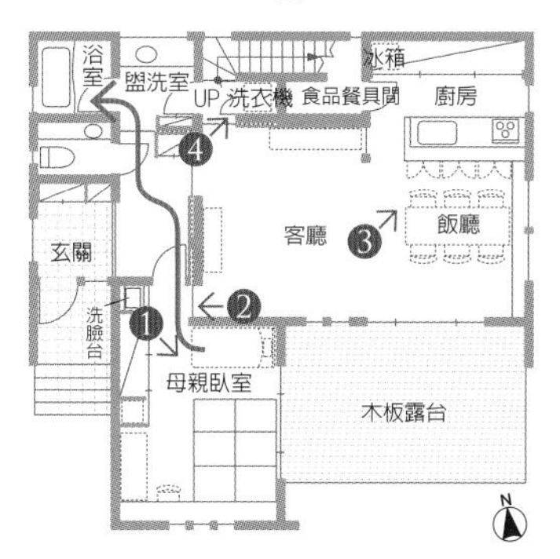

2 樓

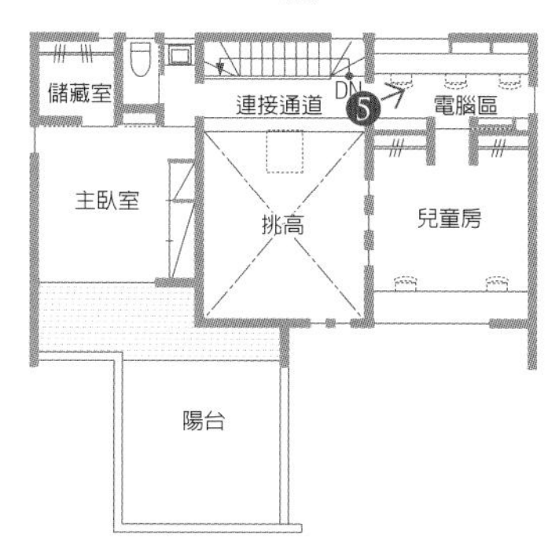

客廳採挑高式天花板，打造 LDK 的寬敞感。是讓家中各處明亮，通風良好的結構設計。

4. 區分公共空間和私人空間

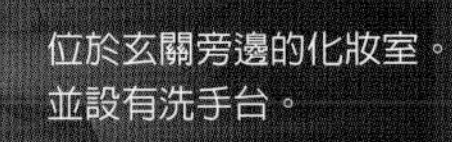

位於玄關旁邊的化妝室。
並設有洗手台。

客人來訪時
不須忍耐的好宅

一旦「有人要來」，很多人就會急著打掃洗手台和廁所吧。另外，也有很多住宅有「梳洗中的家人在盥洗室遇到訪客」的情況吧。

考慮將家人的活動空間和客人來訪時的使用空間區隔開，會讓生活變得舒適。因應此設計的有效做法是，安裝附洗手台和鏡子的客衛。我稱這樣的廁所為「化妝室」。當客人說「去洗個手」時，不須帶去家人專用的盥洗室，因此相當輕鬆。化妝室通常會設在玄關附近。客人離開時可以在此補妝，非常方便。

和室平常當作客廳的延伸空間來使用，有訪客留宿時，可以用拉門和風琴簾隔成房間。拉門後的門連接設有化妝室的玄關區。（片山宅）

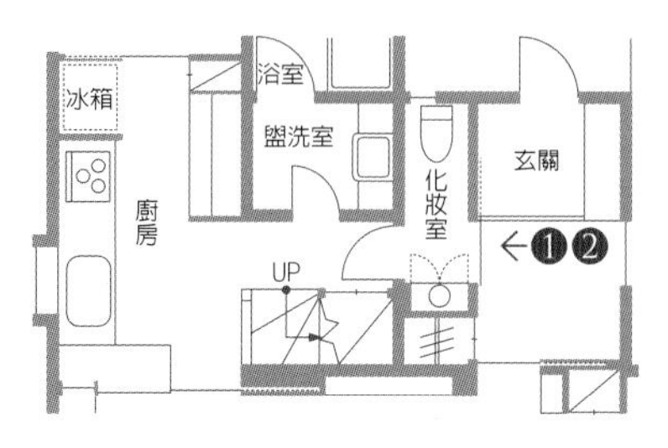

1 藉由翻修在走廊安裝化妝室的實例。左邊是洗手台，右邊是有馬桶的化妝室，平常可以從玄關或廚房端進入使用，也是通往廚房的路徑。

2 有訪客時，鎖上後門，便成為客人專用的化妝室。（沼尻宅）

5. 重視夫妻各自的空間

利用臥室進門的空間做成男主人的書房。可以一個人在這度過工作和休閒時光。（玉木宅）

確保私人空間
讓生活變舒適

夫妻在家中相處愉快的秘訣是，擁有各自獨處的空間。平常不只是一起待在客廳，如果偶爾能擁有埋首於工作或興趣的私人時光，彼此間的生活就會很快樂，不是嗎？

也有很多住家是「雖然有男主人專屬的空間，卻沒有女主人的」。可是，我認為應該要有女主人可以打電腦或寫點東西的場所。

若有專屬空間，就算工作被打斷也能立刻恢復，因為不用把物品搬進客廳或飯廳，所以也不易凌亂。

1

2

3

1 設於廚房一隅的女主人專用書房。可以自在地用電腦查詢食譜和記帳。
2 位於 2 樓走廊的男主人空間（照片中是從 1 樓客廳往上看）。
3 放有電腦、印表機、書籍和文件等。（片山宅）

小空間也能打造出自己專屬的書房

在有限的空間中，有時候也很難保有自己的工作室吧。但是，在臥室入口、樓梯平台或廚房角落等，只要想得到就能打造出個人空間。

就算不是完全獨立的房間，只要善用牆壁等處，就能設法在 LDK 看不到的場所完成專屬空間。女主人經常在家的情況下，只要設置在廚房或飯廳一隅，做家事之餘就能使用相當方便。如果使用的時間長，選擇能從窗戶眺望庭院、可以看到家人的動靜等，不關在房裡也能作業的場所最為理想。

（上）可以看到位於臥室後方的男主人工作室。上方為開放式空間，有利空氣流通。
（左）男主人的興趣是做飛機模型。在天花板附近的牆壁上釘板材，用來擺設模型。

1 飯廳收納櫃角落是女主人的電腦工作室。不用時電腦可以收進牆壁。用餐椅充當座椅。（山田宅）
2 位於上樓平台處，夫妻倆的電腦區。從 1 樓的客廳看過來是死角區，不會被發現。（莊宅）
3 位於 1 樓和室一隅的女主人休憩區。一邊眺望庭院一邊打電腦，或做自己愛好的雕刻、寫書法等消遣。（井藤宅）
4 設在客廳和盥洗室間，女主人的家事區。安裝格帳屏風，不會從客廳直接一眼看透。（小林宅）

1 2

3 4

第4章

享受自我風格的裝潢

和穿上衣服鞋子一樣，
周圍都是自己喜歡的裝潢擺設時，心情就會很好。
為了打造出讓自己放鬆的舒適空間，
先試著從「分析自己的愛好」開始吧。

1. 呈現理想中的裝潢類型

超愛逛居家用品店的女主人精挑細選的家具與燈具。外觀簡潔美麗。（高橋宅）

第一步是找出自己「喜歡的類型」

裝潢有各式各樣的類型。像是以直線單一色調為主的「現代」風、給人明亮自然印象的「自然」風。其他還有「和風」「北歐風」「鄉村風」「亞洲風」等。要成為裝潢好手，確認「自己喜歡什麼樣的類型（氣氛或風格）」相當重要。

因為喜歡的類型不會只有一種，我認為就算混搭也可以。因此要大量收集覺得「還不錯」的照片，細心觀察相當有用。請剪下刊登在雜誌、廣告單或觀光手冊上的旅館房間照片，或是單純覺得不錯的照片與插圖，貼在筆記本或檔案夾內。這麼一來，就能清楚地看到自己喜歡的風格。

高橋宅的女主人為了蓋屋而製作的「我的裝潢筆記」。一邊看著女主人最愛的「法式鄉村風」裝潢照片，一邊進行討論。

參考這家人之前位於倫敦郊區的住家照片而設計的屋子。他們開心地說「孩子們想起童年時的快樂回憶，增添了家人間的對話」。

2. 培養裝潢鑑賞能力

外文書也好日文書也罷，照片拍得漂亮的裝潢書籍，對於眼光的培養相當有幫助。盡量每天翻開書本，在喜歡的照片上貼標籤，重複地看著這一頁。（水越宅）

持續看著美麗事物以訓練品味

我從學生時代起就很喜歡建築師法蘭克洛伊萊特（Frank Lloyd Wright）的作品，他設計的房屋明信片被我貼在書桌前或廚房等處（右邊照片）。那時候會把自己認為「最棒」的圖片貼在書桌前等經常會看到的地方，一天看好幾次，自然就培養出「裝潢的眼光」。

知道自己的喜好後，再收集刊登了多幅喜愛類型照片的裝潢特輯精裝本吧。空間時尚簡潔的照片，對於品味的養成頗有助益。盡量每天翻閱書本，在喜歡的照片上貼標籤，不停地看著那幾頁吧。

在持續這樣的練習中，應會自單純的「喜歡」向前邁進一步，慢慢地了解「自己為什麼喜歡這些」。這其實就是「培養裝潢的鑑賞能力」。

3. 室內裝潢的第一步是「藏起」不想被看到的物品

廚房背後並排著冰箱、餐具櫃及微波爐等，不太想被看到的物品空間，只要關上門就能完全遮住。（片山宅）

利用大型拉門
讓視覺變清爽

成功的裝潢，不在於如何裝飾點綴，先巧妙地藏起不想被看到的物品才是重點。不該出現的雜物卻被看到，不管裝潢得多美都留下敗筆。「展示」和「隱藏」的關係正是密不可分。

以開放式廚房為例，微波爐等電器產品、平常使用的餐具櫃內容、鍋子及平底鍋等雜七雜八的物品一出現在眼前時，就算坐在客廳也會讓人心浮氣躁。每次有客人來，就要把這些地方打掃整理乾淨，相當麻煩。若是有只要拉起就能隱藏的拉門，隨時都能安心自在。

1 充滿生活感的廚房背後空間。不但有冰箱、微波爐及餐具櫃，還有洗衣機。

2 有訪客時只要關起拉門，就能俐落藏起。因為拉門的高度頂到天花板，和牆壁融為一體相當協調。（新地宅）

不著痕跡地藏起人工物品

金屬、塑膠或 PE 材質的物品，容易影響到整體裝潢，所以希望盡量遮掩住它們。像是電腦或是影音器材的線路、洗手台或廁所的管線等。冷氣等家電產品也一樣。一旦太過依賴設計圖，就會忽略掉這些物品，接著就後悔不已。一開始就要商量好家電用品的放置場所，利用櫃子下方或牆壁內，設法不著痕跡地藏住不想外露的物品。像這道精細的工序，是凸顯焦點，讓整體裝潢完美協調的關鍵。

利用木作櫃體完全包住廁所臉盆下方的水管。帶有滾輪可以移動，所以打掃方便。（坂本宅）

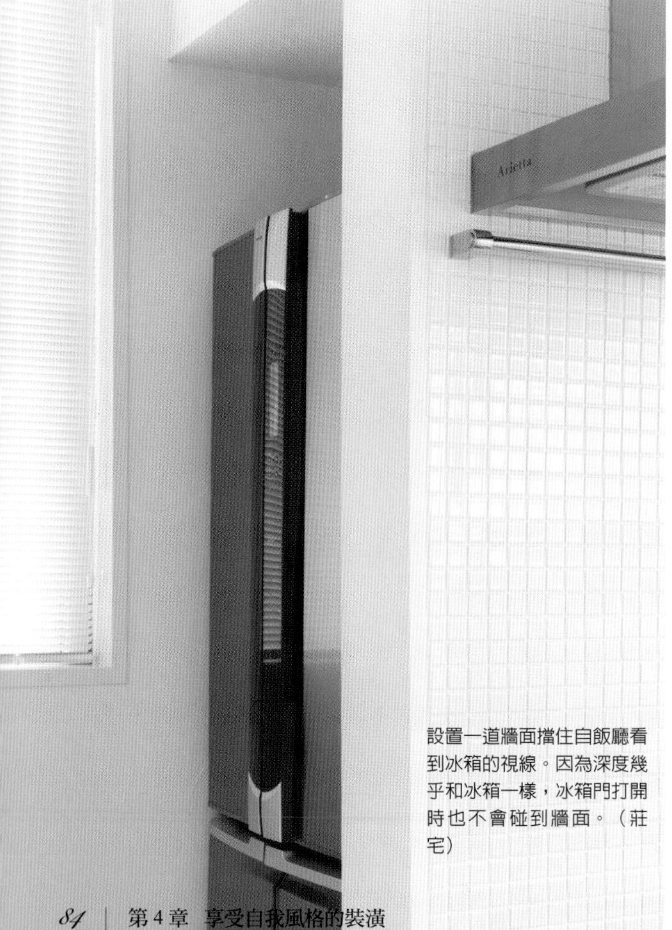

設置一道牆面擋住自飯廳看到冰箱的視線。因為深度幾乎和冰箱一樣，冰箱門打開時也不會碰到牆面。（莊宅）

電視做成壁掛時，外露的電源或天線等線路相當令人在意。讓所有的管線走牆壁內部的話，外觀自然顯得清爽。（莊宅）

為了盡量讓冷氣機的存在不明顯，所以選擇埋入型冷氣機。（片山宅）

3 上方柵欄中藏有冷氣機，下方柵欄中則是電暖器。因為完全融入環境不引人注意，和周遭的裝潢相當協調。

4 操作電暖器時，可以像門板般開關柵門。（高橋宅）

4. 以畫作擺設讓空間改頭換面

把在泰國金湯普森博物館（Jim Thompson House）購買的四張圖卡裱框。中間以織布工具飛梭做裝飾。（水越宅）

找出焦點處並做重點裝飾

擺飾繪畫或照片的地方，即是焦點處。既然特地做裝飾，放在不顯眼處就太可惜了。掛畫的位置過高也是常見的錯誤。畫作中心和視線等高的話就不會有問題。裝飾的畫作被前方的花朵或擺飾品擋住，會降低兩者的魅力，是相當可惜的擺法。

大型畫作要朝向寬敞處。與人距離近的牆壁上，建議掛上幾個小型繪畫做搭配。擺飾複數畫作時，訣竅是配合角度掛成長方形。另一個須注意的重點是「一致性」。只要並列同尺寸或同系列的作品，或是統一畫框、畫布的材質、色調，就能呈現出一致性。

1 佔地寬敞的場所擺上大型畫作就很漂亮。（沼尻宅）
2 每次上樓就會看到喜歡的書法，令人心情愉悅。因為距離近建議掛小幅作品。（井藤宅）
3 因為裝飾的牆面空間多為長條形，連續掛幾副作品的裝飾方法頗具效果。（新地宅）

5. 挑選終身適用的家具

30 年前買的 arflex Marenco 沙發。雖然正中央的椅子是 17 年前補買的，但和舊沙發坐起來的感覺幾乎一樣，由此可知其耐久性和優良品質。（水越宅）

尋找自己無法妥協的『極品』家具

考慮符合自我風格的裝潢時，挑選家具是最重要的要素。不抱持「暫時」的想法來挑選家具，從素材到設計，細細地審視檢討，找出能讓自己滿意的『極品』家具吧。就算是暫住的家，也是每天生活的地方。我認為絕對不能敷衍了事。

試著翻閱廠商型錄，或是在雜誌、網頁上尋找。也可以在找到自己喜歡的店家後，經常到店裡和店員討論看看。就算沒有馬上要買，尋訪符合自己的喜好、值得信賴，看似能長久往來的店家也是不錯的學習。

一旦家族成員增加，或因搬家而改變格局時，就會想補買家具。若是廠家的基本款商品，就能買到相同的商品。

飛驒高山的家具廠商，柏木工公司的沙發。利用兩種木頭打造出富暖意的設計，好坐之外，椅背的造型也很美麗。（永島宅）

電視櫃是線條平整且長的矮櫃，能讓空間顯得流暢。另外，高於地板的有腳家具，更顯時尚輕巧。（中岡宅）

偶爾變換沙發套，也是這組沙發的樂趣之一。可以考慮和抱枕做成套搭配。（小林宅）

以個性化家具做室內點綴

將個性化家具放在焦點處，就能吸引住人們的眼光。喜歡的家具若能兼具實用性與裝潢性，那就太完美了。建議選擇具收納功能且符合自己風格，「略帶個性的家具」。周圍再擺上配合家具氣氛的圖片或照片，馬上成為吸睛焦點（視線集中處）。

再怎麼找也找不到符合要求的家具時，還能跟家具廠商訂製。生活在喜歡的物品包圍之下，才是裝潢的精髓所在。

1 實用且設計性強的家具實例。將頗具存在感的仙台斗櫃，放在飯廳用來收納刀叉或小盤等。
2 此為客製化訂單，增加抽屜內的層板，提高收納能力。（新地宅）

3 將英國製的古董家具擺在玄關顯眼處。掛在牆上的是名為「擋火網（fire screen），用來調整壁爐熱度的遮蔽工具。（山田宅）
4 位於玄關正面顯眼處的是愛用了 30 年的歐洲民間藝術家具。（福地宅）

CONDE HOUSE 公司所出品的 CORNELIA 餐椅，其設計簡潔美麗，背部可獲得充分的支撐。半扶手設計方便站起及坐下，是相當符合人體工學的椅子。（坂本宅）

挑選符合人體工學的椅子

椅子在家具當中，算是相當特別的存在。直接接觸身體的時間長，承受一定時間內的身體重量，因此也左右著人體健康。椅子是追求功能性和美觀的終極擺設。

配合日本人的體型，椅子的平均椅面高度約為 40 ～ 43cm。椅面和桌面的高度差稱為「差尺」，約是 30cm。老年人或個頭嬌小的女性長時間坐在椅子上時，各自的高度再低 3 ～ 5cm 的話，就不容易疲累。

坐下時雙腳後跟確實落地的高度，可說是坐起來最舒適的椅子。另外，椅背隨著背部及後腰等身體線條而彎曲的椅子，對身體比較好，若有扶手，站起來也會輕鬆許多。

沙發必須注意硬度和高度。年紀漸長，從柔軟的沙發上站起來時，身體會覺得吃力。像這種情況，建議椅面選擇不會下沉的硬質彈簧墊，高度不會太低的沙發。或是乾脆放棄沙發，擺張大餐桌和椅子也是另一種方法。這時建議選擇低且有扶手，椅面寬，背部及腰部椅背寬敞的椅子。

Arflex 的 Omnia 沙發硬度對起身和坐下都輕鬆。照片後方的餐椅，是柏木工的 CIVIL 椅。能充分支撐起身體全部。

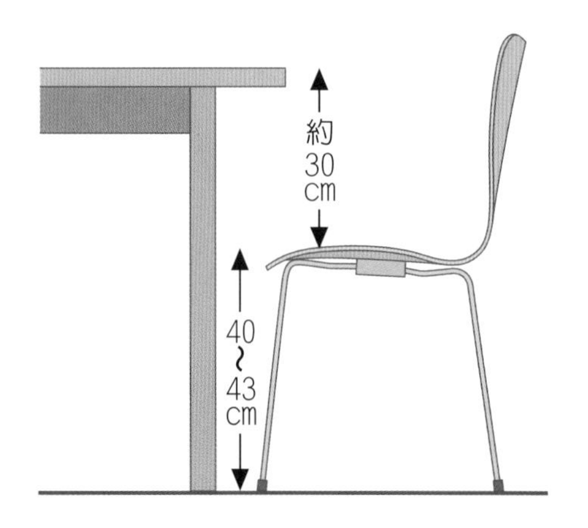

日本人的平均椅面高度為 40 ～ 43cm。椅面和桌面的高度差約為 30cm。

Hans J. Wegner 的知名作品 Y 字椅，坐起來舒適，在日本有不少愛用者。只要好好保養椅面的紙纖維和木製部分，就能常保美觀。（高橋宅）

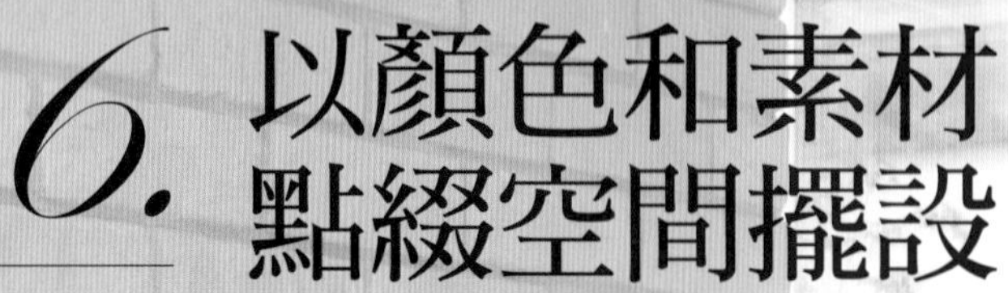

6. 以顏色和素材點綴空間擺設

利用凹凸不平的素材欣賞光影變化

一般人往往認為裝潢是由家具和布料所構成。不過，牆壁、地板的素材與材質也是裝潢的重要因素。並建議採用像磁磚等具天然紋理的素材。

當光線照射在凹凸不平的素材上時，呈現出清晰且美麗的陰影，為裝潢帶來變化。晨曦、朝日與夜間照明，隨著每次光線的轉移改變產生豐富的表情，真是賞心悅目。

像這樣具畫龍點睛效果的素材與顏色，若是用於焦點處效果更佳。

1

1 飯廳牆面的磁磚。在自然光或照明的光線下，成為能欣賞到陰影變化的裝潢。（莊宅）
2 廚房地板選用溫暖的陶磚。陶磚不僅美麗而且防水耐髒，頗具功能性。（井藤宅）
3 利用不同的白色磁磚，打造出頗具玩心的空間。（沼尻宅）
4 女主人的興趣是書法，也會在盥洗室洗毛筆。採用黑色臉盆使髒污不明顯。在浴櫃周圍貼上馬賽克磁磚。（井藤宅）
5 為了能在飯廳擺觀葉植物，將部分木質地板換成磁磚。就算水流出來了也沒關係。（高橋宅）
6 表面粗糙的文化石因為厚度不一，可以欣賞到因時間轉移而瞬息萬變的光影表情。用於客廳。（小林宅）

從客廳看過來的廚房牆面，利用馬賽克磁磚做出變化。讓每次下廚都有好心情。（玉木宅）

依每個房間的主題色做搭配

房間給人的印象會因色彩而截然不同。冷色系具清潔感，因此適合用在廚房或衛浴等處。暖色系呈現出溫暖柔和的氣氛，建議用於靠北的房間或臥室。決定好每個房間的主題色後，再考慮搭配的牆壁、沙發套、窗簾等配色和點綴性色彩。

也有不塗滿所有牆面，只在一面牆上色的手法。畫出房間的主牆面，藉此提升裝潢美感。

在一個房間中固定重複幾種顏色，是基本的裝潢技術。是名為「重複（repeat）」的手法。

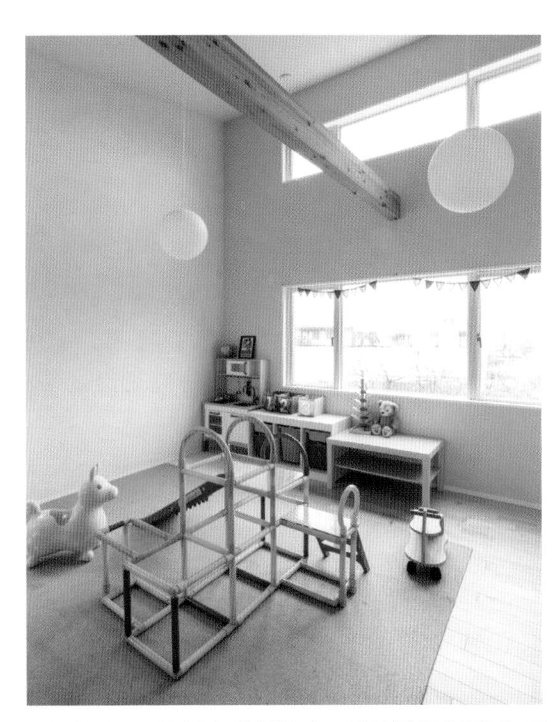

兒童房只有一面牆漆上粉嫩的藍灰色。以後就算隔成兩間房，這一面牆仍是兩間房的牆面。（北原宅）

1 高出地板的臥室牆面部分，和架高地板的顏色統一漆成藍色。插座蓋也用相同色系，使其融入四周。（井藤宅）

2 屋主要求做成「洋溢女孩氣息的夢幻兒童房」，便以深淺不一的粉紅色做搭配。（片山宅）

3 在簡單的沙發上，用抱枕套的花色呈現出趣味。（莊宅）

4 單面牆漆成黑色，散發出沉穩氣息的臥室。遮光簾和床單的顏色利用單色系呈現出高度品味。（片山宅）

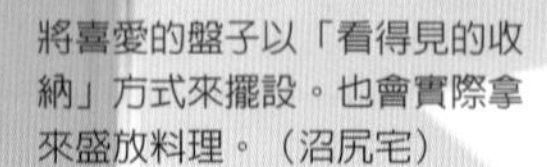

將喜愛的盤子以「看得見的收納」方式來擺設。也會實際拿來盛放料理。（沼尻宅）

7. 享受自由發揮的裝潢樂趣

改變原先的用途 成為具自我風格的裝潢擺設

比起只能做裝飾品的雜貨配件，我更喜歡拿生活中用得到的物品做擺設。因為出自工匠真誠手工製成的生活用品，具有獨特美感。建議將這份「實用之美」積極地融入裝潢當中。

有時遠離物品原本的用途，創造出完全不同的用法也是裝潢的奧妙所在。例如，利用美麗的箱籠裝拖鞋或打掃用具等實用物品，或是讓長春藤攀附在舊纏線板上。我將這樣的用法稱為「挪用」。請務必試著用自由的創意妙點來享受裝潢樂趣。

1 在客廳的吸睛處擺上亞洲風的家具與工藝品。自 2 樓垂下的黃金葛顯得賞心悅目。（小川宅）
2 將纏線板做成綠意十足的擺設品。纏線枝是舊民房損壞時朋友給我的物品。（水越宅）

3 將走到室外露台時會穿的拖鞋和小型掃地用具收在亞洲風的箱籠中。（小川宅）
4 將父親小時候用過的書櫃放在客廳當 CD 收納櫃。換掉五金配件就能使用。（水越宅）

8. 和綠意一起生活

自大門延伸到玄關的長條走道。兩邊種滿綠色植物，相當賞心悅目。（莊宅）

從屋內放眼可及的綠意是最佳裝飾

善用植物可以讓住家氛圍變得截然不同，所以外觀結構和園藝布置通常會和住家設計同時進行。希望遮住外來視線時，不選毛玻璃或窗簾改用植栽的方法，可以讓室內空間變得更加豐富。像這樣為了保有隱私而種植的綠色植物，使用適合各場所高度的常綠樹。

我會建議多數住宅，種植冬青樹或大花山茱萸等將來會長得高大的樹木當作「紀念樹」。種在從客廳或各處都能看到的地方，讓家人都欣賞得到。從房間窗框看出去的綠意，是不輸給任何畫作的最佳裝飾。

一到春天，不但是室外露台，從任何房間都看得到整排的櫻花樹。因為房屋地面高出馬路，視線不會和路人對上，可以坐在露台享受品茗樂趣。（新地宅）

利用玄關的大面窗框住中庭紀念樹。因為基本色調為白色，和綠色形成鮮明對比。（玉木宅）

長時間相處的場所
就是要有綠色植栽

大門到玄關通道間的美麗植栽，會讓訪客的心情平靜下來。不過我認為，要療癒住戶的心情，從窗戶映入眼簾的綠意更是不可欠缺的擺設。因此，會用心規劃出盡量讓每扇窗戶都能看到植栽的設計。尤其是廚房或飯廳等，女主人長時間相處的場所，一定要有能看到美麗綠景的設計。

對此，客戶當中也有人說「因為不太有時間照顧……」，這樣的人我建議種雜木類或野花。就算不修剪也有模有樣，不費工夫。最重要的是擁有自然之美。

1 從飯廳延伸出去的平台上，種植兼具觀賞與實用的蔬菜，令人樂在其中。（山田宅）
2 從長時間待在廚房的女主人眼中看出去的，是這幅景色。偶爾飛來的野鳥，也能讓心情平靜下來。（小川宅）

從浴室窗戶眺望出去的綠意。這片自然風景還能撫慰一整天的疲勞。（莊宅）

9. 以照明做空間演繹

利用間接照明享受更有深度的生活

照明不是一室一燈，而是以多盞燈讓生活更加豐富。也能用調光開關演繹出各種情境。在晚餐後的優閒時光建議使用間接照明。間接照明是不見光源，讓光線打在天花板或牆壁上，藉著反射光形成間接光線的手法。利用光圈或深淺亮度，打造舒適空間。

為了呈現出漂亮的間接照明，須將照射處的天花板或牆壁整理乾淨。因為大樓中有梁柱和設備管路，天花板會有高低差，但善加利用這些高低差，就能做間接照明的設計。

1 屋內整體的亮度充足均勻，但希望讓食物看起來更美味，餐桌上方經常會裝自天花板垂下來的吊燈。（小林宅）

2 利用臥室天花板和牆壁間的閒置空間，製造連通房間兩側的空隙。把長燈條放進這個空隙中做照明，打造出適合夜晚情境的柔和光線。（莊宅）

沿著樓梯裝設的腳燈，不僅是為了安全，也是頗具效果的擺設。還能當作客廳的照明。（莊宅）

讓視線所及之處呈現戲劇性

自然光照入的時間和變暗時使用照明的時間，都會讓屋子內外的氣氛為之一變。呈現雙方之美，也是重要演出的一部分。在視線所及的焦點處打上照明，也能凸顯出室內室外的設計。

採用間接照明或筒燈等各種不同的照明方式，來區分生活情境，打造出豐富的空間表情。

照明的角度也很重要。在庭院種有高大紀念樹的家中，可以從下方打上強光，形成戲劇化空間，從大門到玄關間的走道，不用上方打下的照明，改以下方投射出的柔和光線頗具引導效果。

裝置燈具，讓光線可以打在樓梯入口處的裝飾畫作上。白天會有光線從天窗灑下，是相當明亮的場所。（新地宅）

1 從大門到玄關間的長走道上，利用打在植物上的低亮度照明做引導燈。（莊宅）
2 利用照在牆壁磁磚上的柔和光線，讓化妝室成為放鬆的空間。（小林宅）
3 成為玄關焦點的裝飾面板。光線投射時產生的凹凸光影頗富情趣。（小川宅）

10. 配件也是裝潢的一部分

講究細節展現喜愛的風格

為了打造自己喜愛的空間，把手、開關和掛勾等小配件的裝飾性也是須堅持講究的部分。希望呈現出復古風還是時尚風，依此來挑選符合室內氣氛的物品吧。最近在網路上也能買到各式具設計感的商品，所以也有很多客人要求由他們自己來尋找。就算不能大事翻修，只要換成這樣的裝飾品就能改變屋內的氣氛，因此希望大家務必找找看。

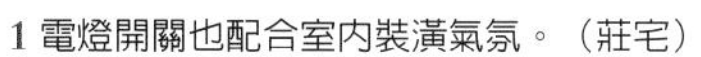

1 電燈開關也配合室內裝潢氣氛。（莊宅）
2 裝了兩顆小門把的紙拉門和現代風的和室相當速配。（莊宅）
3 化妝室洗臉盆上的水龍頭。統一選用古典風格配件。（高橋宅）
4 同一間廁所的門把。（高橋宅）
5 女主人選的紙拉門門把。船槳模樣相當美麗。（玉木宅）

6 裝在玄關牆面上的鐵製掛帽勾。就算不掛帽子造型也像幅畫。（高橋宅）
7 位於玄關間的化妝室門。用長條圓木棍來代替門把，門板看起來就像牆壁般清爽。（坂本宅）

11. 設計理想的窗戶

位於住家中心的客廳採用挑高天花板，裝設整片高達天花板的大面窗。家中整天都有光線照射進來。窗簾選用直立百葉簾，可依光線方向調整角度。（莊宅）

1

利用窗簾設計窗戶

和窗戶做搭配的物件相當重要。希望遮住外來視線並保有採光時，可以選用百葉窗或上方也能打開的風琴簾。百葉窗可依需求來調整葉片角度所以很方便。一加上窗簾，就會讓房間變得柔和並展現出風情。窗簾通常都做成『左右拉開』的形式，但也很常遇到兩側被擋住的情況。這時可以選擇上捲式的風琴簾，因為上下都可以開合，就能挪出空間，減輕笨重感。將美麗的窗簾流蘇稍微往上掛起讓人看到，呈現出裝飾效果。

2

1 坐在和室中視線就能透過窗戶眺望庭院的紀念樹。利用上下雙向開合的風琴簾，保有隱私的同時光線也能照射進來，還能享受室外風景。蜂巢結構也具斷熱效果。（玉木宅）
2 通常蕾絲窗紗都裝在打折簾的後面，改將窗紗移到前面，使窗戶周圍具變化性，享受窗簾帶來的裝潢樂趣。流蘇掛在視線附近的高處頗具裝飾效果。（山田宅）

讓房間看起來寬敞的窗戶效果

落地窗的窗口部分不做到垂壁而是直達天花板，不但採光良好，還有讓房間看起來寬敞的效果。另外，在靠室內的窗框上裝設室內雨淋板，一關上窗戶，和玻璃窗之間就會形成空氣層，所以能提高斷熱效果。冬天就算就寢時關掉地暖後，也能讓暖空氣不外洩。木製的室內雨淋板，也能打造出清爽的裝潢效果，所以我相當推薦。

室內雨淋板和捲簾等，可以做成不用時能完全收進窗框縫隙中的設計。窗簾軌道等不想被看到的部分也能用窗簾盒做隱藏，是顯得更清爽俐落的關鍵點。

1 不用時，室內雨淋板收進窗框縫隙中，捲簾則收進藏在天花板上的窗簾盒內，所以從室內看不到這兩樣東西。
2 窗框內側裝有木製室內遮雨板。（福地宅）

雖然裡面的窗框上有垂壁，但利用從天花板垂下來的風琴簾，可以消除牆壁的存在感，具有讓室內變寬敞的效果。（中岡宅）

3 外推窗上面裝設隔板，遮住窗簾軌道等不想被看到的部份。（福地宅）
4 捲簾如果裝在天花板上，就會看到五金件，因此在後方裝支撐板從正面安裝，讓視覺變美觀。（片山宅）

第5章

讓屋子煥然一新的視覺魔法

據我所知，有能大幅提升住家印象的有效技巧。
就是將該空間內的視線集中處，也就是「焦點」刻意呈現出來。
也有助於輕鬆改變房間氣氛。

UTILIS
THE VI
EFFECT

NC
SION
Made in Italy

1. 了解視覺魔法

自大門延伸出去的走道。將視線集中在玄關處，說聲「歡迎」迎入訪客。（山田宅）

以焦點處的印象來決定整體居家的印象

一踏入大型飯店的大廳或餐廳時，是不是就有來到「世外桃源」的感覺？那是因為該空間內的視線集中「焦點」裝潢得美輪美奐。最先映入眼中的焦點印象，會成為飯店整體的印象，深植訪客心底。

美麗裝潢的基礎，首先是調整焦點，打造魅力空間。就算是日常住家，因瞬間躍入眼簾的情景，而覺得心情舒暢愉悅，這樣不是很棒嗎？

個別場所的印象則取決於焦點處。身為家中門面的玄關焦點尤其重要，打開大門首先看到的景象，左右著住家整體的印象。若在此處擺上具觀賞性的物品，就能成功地吸引住眾人的目光，只要擺放整齊，就是令人印象良好的住家。

相反地，最明顯的地方若是雜亂無章，只有牆面素淨無物，住家整體的印象就會變差。

各個房間的焦點是打開門時，身體正前方的視線可及處（參照下圖）。我設計住宅時，會事先在要成為焦點的場所，做出能輕鬆吸引到目光的設計。

將自己當作訪客，敞開家中玄關，進去屋內檢查看看吧。

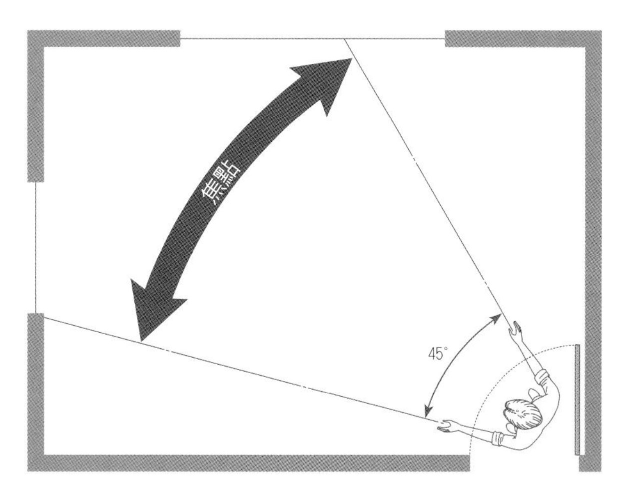

雙手打開呈 45° 的距離向前伸直，此時延伸出去的扇形範圍即是焦點。以拉門做比喻，焦點約在前方正面處。

以訪客的觀點
重新審視住家整體

將自己當作是初次來到家中的客人，檢查一下屋子吧。請走到外面，從踏入玄關處開始檢討。打開大門，首先看到的是什麼呢？或許會注意到最想讓人看到的花或擺設品，竟然意外地放在不顯眼處。

看完玄關後，接著檢查客廳或廁所等處吧。請試著移動將想被瞧見的物品放在焦點處，不想被看到的物品挪出視線外。

就像這樣整理出要成為焦點處的各區空間做法，也是邁向裝潢達人的捷徑。

1

2

3

1在上樓時會看到的走廊區設置裝飾層架，陳列家人的回憶物品。（小川宅）
2打開玄關大門映入眼簾的正面景象。日式斗櫃上隨著季節擺飾物品，偶爾會替換畫作。（水越宅）
3上樓時看到的景象。布製品做成的掛毯，相當賞心悅目。（福地宅）
4一打開客廳門，出現在眼前的寬敞景象。正面是放滿喜愛書籍的書架和亞洲風的雜貨配件。不會看到焦點視線外的電視機。（水越宅）

4

一打開玄關拉門就映入眼中的客廳情景。挑高天花板成功地打造出更明亮的感覺。（莊宅）

2. 決定住家印象的三處焦點

入口、玄關、客廳三處決定八成印象

以訪客的眼光視察家中時，絕對會注意到焦點是入口、玄關和客廳三處。首先，打開門時看到的景象是什麼？要是枯萎的盆栽或灑水管的話，住家給人的印象在這裡就已經跌落谷底了。打開玄關的瞬間，映入眼簾的是漂亮的插花或美麗畫作？有沒有忘記放到鞋櫃內的鞋子或疊起來的紙箱等等呢？然後，打開客廳的門，最先看到的是放在電視櫃上的黑色大電視，有種功敗垂成的感覺。將焦點處整理成頗具成效的可看區域，打造成吸睛空間，讓家中整體的氣氛變美好吧。

三處焦點（小川宅）

1. 入口

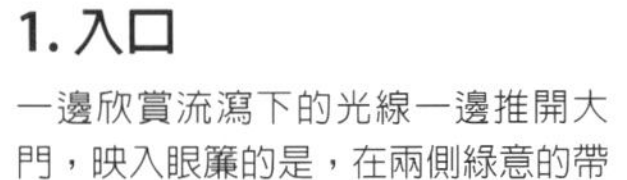

一邊欣賞流瀉下的光線一邊推開大門，映入眼簾的是，在兩側綠意的帶領下通往玄關的路徑。

2. 玄關

正面牆壁的主題是充滿家人回憶的泰國傳統裝飾牆。在光線的照射下形成的木頭陰影相當美麗。

3. 客廳

一打開門出現的是明亮寬敞的客廳。越過沙發可以看到亞洲風格的飯廳全貌，即是焦點處。

CASE 6

改造玄關的焦點

打造開門瞬間
映入眼簾的美麗空間

玄關是迎接訪客的場所，更是讓住在裡面的家人放鬆喘息的地方。在外工作上學一整天，終於回到家時，看到在此迎接的舒適裝潢後，會有鬆口氣疲勞頓失的感覺吧。反之，一映入眼簾的是地板上沒收起來的多雙鞋子等亂七八糟的生活用品，心情就不舒暢。

因此，玄關要有足夠的收納空間，做出有焦點意識的裝潢，這點相當重要。

就算只改造玄關，也會讓住家整體的印象煥然一新。請想看看能每天心情愉悅地迎接家人「歡迎回來」的玄關樣貌。

（井藤宅玄關）

玄關改造——押切宅

（**Before**）正面有樓梯扶手牆面，斜斜的咖啡色欄杆令人印象深刻。連接後方客廳的門板也是深咖啡色，存在感明顯，讓焦點處變複雜。

（**After**）整體做成白色空間，在焦點處安裝藏住樓梯的裝飾面板。面板可以橫向拉開。

玄關改造——坂本宅

（**Before**）從焦點處的長方形窗戶可以看到外面的水泥圍牆。鞋子則收在位置方便拿取的櫃子中，看似不夠用。

（**After**）正面牆做裝飾面板，改變窗戶大小，做成能看到美麗植栽的觀景窗。

3. 移動焦點

因為上樓的時間長，映入眼中的景象相當重要。開始上樓、上樓中、上到樓頂時的風景變換不一。（北原宅）

1 一上樓最先映入眼簾的是正前方牆上的畫作和綠色植物。利用天窗灑下的光線，一邊爬上明亮的樓梯一邊欣賞左牆上的畫作。
2 一彎進樓梯盡頭，看到的又是另一番新景致。以懸吊的掛毯代替窗簾，依季節更換擺設。（水越宅）

站立的位置改變 焦點也跟著不同

家中的焦點會跟著人們的動作移動而轉移。行進在走廊或樓梯間，視線所及之處就是焦點。在家中走動時，試著留意視線會看到何處。走廊盡頭有牆壁，在樓梯則有平台牆面，都是視線短暫停留之處。尤其是樓梯平台，因為會在整個上樓過程中看到，是頗為重要的地點。掛幅畫、擺上觀葉植物等，就能邊走邊享受裝潢樂趣。

4. 美化自固定位置見到的景色

因為女主人的興趣是園藝，對此想出來的設計方案是隨時可從廚房看到喜歡的玫瑰花。希望她可以在喜愛之物的包圍下，幸福地度過每一天。（福地宅）

烹飪或用餐時
映入眼簾的盡是
讓人生活愉快的物品

任何家庭中每位家人應該都有各自的「固定位置」。用餐時，或是飯後休息時的座位，是不是都有固定的位置？確認一下家人的「固定位置」焦點吧。

說不定有人用餐時電風扇總是放在焦點處，或是喝茶時看到的是陽台上的空調室外機。反之，如果從固定位置上看到的是自己重視、喜歡的物品，心情又會怎樣呢？應該會覺得能長期生活在幸福的環境下吧。

1 女主人坐在固定的餐桌座位上看到的照片，是孩子們還小時的家庭回憶。每次看到心情就會平靜下來。（小川宅）
2 站在開放式廚房烹飪時映入眼簾的風景。一到春天，還能看到美麗的櫻花。（新地宅）

活用吸睛點（eye spot）

空間中視線自然游移之處稱為「焦點」，相較於此，修正從此處想被看到、希望看到的物品，強力吸引住視線的場所稱作「吸睛點」。

原本想在焦點處，擺放賞心悅目的裝飾品，打造成「吸睛點」，但卻發生焦點處的空調怎麼也藏不住的情況。這時請在前面或旁邊擺上綠色植物，設法轉移視線。

利用中式屏風遮掩看得到抽油煙機的廚房。屏風成為吸睛點，抽油煙機落於視線之外。（小川宅）

1 打開玄關門時，迎面而來的是鞋櫃門板。2 將右側的裝飾面板做成吸睛點，設法吸引訪客的目光。鞋櫃門板漆成白色，使其融入牆面，消除存在感。（新地宅）

從室內　　**從室外**

當初原本要在該陽台安裝自牆面突出的水龍頭，但住戶要求「希望裝上現有的水槽」，苦思後的結果如照片所示。利用直條柵欄，避免從和室看到水槽全貌。（永島宅）

利用結構上無法打掉的梁柱，做成遮掩廚房抽油煙機的吸睛點。成為正適合擺透明玻璃飾品的層架。（福地宅）

在面對鄰居家的東牆上，安裝兩扇視線之外的窗戶。自上窗引入光線，自下窗導入涼風。（小川宅）

5. 兼具隱私和採光

既遮住外來視線又不影響採光

設計都市住宅時，一定要考慮如何在引進光線的同時保有隱私。一邊擔心來自附近住家或路人的視線一邊生活，住起來相當不舒服。在這種情況下，建議將窗戶的功能分成採光和通風來思考。

雖然設計鐵律是不在和鄰居家對看的場所裝設窗戶，但卻可以避開鄰居窗戶，利用上下兩處開窗，打造採光通風良好的舒適空間。

1

2

3

1 在和室中，因為座位低矮，降低開窗位置令人安心。製作垂壁，讓視線俯視庭院。縮小開窗口，也具觀景窗的效果。（片山宅）
2 盥洗室也是希望採光盡量明亮的場所。透過上下開窗，正面裝設鏡子，充分利用牆面。（片山宅）
3 原本是普通的透明玻璃，因為隔壁蓋了住家，為了遮住視線改成花窗玻璃。（新地宅）

6. 放大空間視覺感

雖然客廳不大，但透過挑高天花板，以及地板和戶外的露台木板相連接，令人覺得空間寬敞。（莊宅）

透過包圍露台的方式和客廳連成一氣

建築上的規定林林總總，有時無法保有足夠寬敞的客廳或飯廳。

就算寬度方面有限制，利用視覺效果，也能呈現出寬敞的空間感。當中採取的手法之一是利用較高的圍牆將自客廳連接到露台的部分包圍起來。讓露台形成室內的延伸空間，感覺變寬敞。這時，露台和室內地板高度須一致，落地窗開口高至天花板，不做垂壁，藉此讓視線直達戶外，與室外產生連接性。

另外，客廳或飯廳的天花板挑高，在空間上也有寬敞效果。視線前端能看到天空令人心情舒暢。

1 雖然客廳只有 12 張榻榻米大（譯註：約 6 坪），但和露台連成一體，因此感覺上比實際還寬敞。（片山宅）
2 室外露台的深度約 2 米，但透過加高欄杆式圍牆的高度，將空間包圍起來，和室內形成一體，更顯寬敞。（福地宅）

狹窄的空間
也能透過設計手法
打造成舒適環境

當空間不夠寬敞時，可以採取以鏡子放大實際效果的手法。布置的訣竅是使用從地板高到天花板的大面鏡。讓映入的影像在鏡中看似連接，感覺比實際更寬敞。

在小和室中，經常會安裝底下懸空的吊掛壁櫥（P.135 下）。可以加寬地板面積，而且壁櫥高度在坐著時不會進入視線範圍，能讓空間感覺變寬敞，產生放大的效果。

1 將大型衣櫃三片門板中的一塊，全貼上鏡面。讓房間視覺變寬敞的同時，也方便梳妝打扮，相當好用。（中岡宅）
2 裝在玄關旁的大面鏡子。可以產生泰國風裝飾牆連綿延伸的錯覺。（新地宅）

3 利用連接的木製天花板，讓客廳與內部和室空間看起來連成一氣。（新地宅）
4 設置凸窗能增加使用空間。也可以當成裝飾品擺放區。（山田宅）
5 一拉開和室門，出現在眼前的是吊掛壁櫥。坐著時因為視線低，會覺得地板面積變寬敞。（永島宅）

1

7. 活用遮蔽區

2

不想被看見的物品
放在不起眼處

在空間中，有和焦點的性質完全相反，「不容易被看見的場所」。那個看不見的空間，我稱之為「遮蔽區」。

遮蔽區就算裝飾也沒啥效果，但卻是再凌亂也無所謂的區域。像是，寬度窄僅容身體通過的走廊。家具背後、大門入口的側邊牆壁等，室內一定會有遮蔽區。若能善加利用，就可以成為「喘息空間」，放置不想被看到的物品。

1 在從客廳看不到的地方設置傳真機區。（坂本宅）
2 從玄關正面看不到，位於門廊的置物間。（井藤宅）
3 將電視安裝在走進玄關來到客廳時成為死角的區域。（莊宅）
4 不在客廳視線範圍的露台背面，做成曬衣空間。（坂本宅）
5 在裝設門牌和室內對講機的牆壁背面，安裝獨立的水龍頭。照顧植栽所需的鏟子、打掃工具、灑水器及洗車專用水管等都收在這裡。（玉木宅）

刊登住宅一覽表

01 青木宅

所在地區	東京都　世田谷區
地　　坪	101.09 ㎡（約 31 坪）
建　　坪	110.4 ㎡（約 33 坪）
房屋結構	木造 2 層樓建築
家庭成員	夫妻＋小孩 2 人

02 井藤宅

所在地區	東京都　府中市
地　　坪	21.19 ㎡（約 37 坪）
建　　坪	94.29 ㎡（約 29 坪）
房屋結構	木造 2 層樓建築
家庭成員	夫妻